土建类规划教材

建设工程监理概论

（第 2 版）

主　编　吴冰琪　张晓岩

参　编　（以拼音为序）

程娟玲　黄丹丹　曾庆杰

张先平　张　颖　朱祥亮

U0226262

东南大学出版社

·南京·

内 容 提 要

本书是建筑工程系列教材之一。本书根据我国建设工程管理的法律法规、技术标准和建设工程监理制度的有关规定,针对建筑工程技术、工程管理类专业培养目标中对建设工程监理课程知识和能力的要求编写而成。本书结合工程项目监理实践,比较全面地阐述了建设工程监理在施工阶段的基本任务、内容、方法和手段,具有实践性、针对性和实用性强的特点。全书共9章,包括建设工程监理概述、监理工程师、建设工程监理企业、建设工程监理的组织、建设工程监理规划、建设工程监理目标控制、建设工程合同管理、建设工程监理的组织协调、建设工程监理信息管理。

本书可作为高等院校建筑工程技术、建筑工程管理及其相关专业的教材,也可作为成人教育及其他工程人员培训参考教材。

图书在版编目(CIP)数据

建设工程监理概论/吴冰琪,张晓岩主编. — 2版.
— 南京:东南大学出版社,2016.8(2020.1重印)
ISBN 978 - 7 - 5641 - 6616 - 8

Ⅰ.①建… Ⅱ.①吴… ②张… Ⅲ.①建筑工程—施
工监理—高等教育—教材 Ⅳ.①TU712

中国版本图书馆 CIP 数据核字(2016)第 155482 号

建设工程监理概论(第 2 版)

出版发行:东南大学出版社
社　　址:南京市四牌楼 2 号　邮编 210096
出 版 人:江建中
责任编辑:史建农　戴坚敏
网　　址:http://www.seupress.com
电子邮箱:press@seupress.com
经　　销:全国各地新华书店
印　　刷:常州市武进第三印刷有限公司
开　　本:787 mm×1 092 mm　1/16
印　　张:13
字　　数:318 千字
版　　次:2016 年 8 月第 2 版
印　　次:2020 年 1 月第 3 次印刷
书　　号:ISBN 978 - 7 - 5641 - 6616 - 8
印　　数:5 001~6 000 册
定　　价:33.00 元

本社图书若有印装质量问题,请直接与营销部联系。电话(传真):025 - 83791830

土建系列规划教材编审委员会

前　　言

在建设领域推行工程建设监理制度，是深入进行建设管理体制改革，建立和完善社会主义市场经济体制的重要措施之一。我国建设工程监理制度经历了前期阶段（1982—1988年）、试点阶段（1988—1993年）、稳步发展阶段（1993—1995年）、全面推行阶段（1996年至今）等阶段，对提高工程质量、加快工程进度、降低工程造价、提高经济效益发挥了重要的作用，监理已成为工程建设中不可缺少的重要环节。

目前，不少学生进入监理行业就业——监理员，今后还要成长为专业监理工程师和总监理工程师，在全面认识监理制度的基础上，了解监理职业资格要求，熟悉监理基本工作内容和方法，是其基本要求。我国在建设工程监理制度的理论研究、法律法规建设方面也有了长足发展。在这种形势下，编写一本内容上既紧跟我国现行法律法规的相关规定，又能指导工程监理实践的教材，很有必要。

本书根据我国现行建设工程管理的法律法规、技术标准和建设工程监理制度的有关规定，结合工程项目监理的实践认识，全面地阐述了建设工程监理在施工阶段的基本任务、内容、方法和手段，内容力求知识性和实践性相结合，并在书后附上案例分析，帮助学生理解监理的基本知识，提高运用所学知识解决实际问题的能力。

本书第1章和附录由吴冰琪编写，第2、4章由曾庆杰编写，第3章由黄丹丹编写，第5章由张先平编写，第6章由张晓岩编写，第7章由朱祥亮编写，第8章由程娟玲编写，第9章由张颖编写。全书由吴冰琪拟定大纲和统稿。在编写过程中，参阅了大量参考文献，在此一并表示感谢。由于编者水平所限，书中难免有不足之处，敬请读者批评指正。

编　者

2010 年 6 月

第 2 版前言

在建设领域推行工程建设监理制度,是深入进行建设管理体制改革,建立和完善社会主义市场经济体制的重要措施之一。我国建设工程监理制度经历了三十多年的发展,对提高工程质量、加快工程进度、降低工程造价、提高经济效益发挥了重要的作用,监理已成为工程建设中不可缺少的重要环节。

本书由吴冰琪、张晓岩主编,是建筑工程系列教材之一,由东南大学出版社于 2010 年 8 月出版第 1 版。截至 2016 年 6 月,本教材已经在多个高等院校使用了 6 年。本书根据法律法规及技术标准,结合工程项目监理的实践认识,比较全面地阐述了建设工程监理在施工阶段的基本任务、内容、方法和手段,内容力求知识和实践性相结合,并在书后附上案例分析,帮助学生理解监理的基本知识,提高运用所学知识解决实际问题的能力。

近年来,《建设工程监理合同(示范文本)》(GF—2012—0202)、《建设工程监理规范》(GB/T50319—2013)及国家标准中相关施工质量验收规范的修订等文件政策相继颁布和执行,在本次 2 版中及时进行了补充和完善,以跟上时代的步伐。

本书由吴冰琪拟定大纲和统稿。在编写过程中,参阅了大量参考文献,在此向原作者表示感谢。由于编者水平所限,书中难免有不足之处,敬请读者批评指正。

编者

2016 年 6 月

目 录

1 建设工程监理概述

本章提要:本章主要介绍了建设工程监理的历史沿革;建设工程监理的基本思想;我国建设工程监理的基本概念;我国建设工程主要管理制度的主要内容;我国建设工程法律法规体系。

1.1 我国建设工程监理的产生与发展

1.1.1 我国建设工程监理产生的背景

从新中国成立直到 20 世纪 80 年代,我国的基本建设活动一直按照"由国家统一安排项目计划,统一财政拨款"的模式进行。当时项目管理通常采用两种形式:对于一般建设工程,由建设单位自己组成筹建机构,自行管理;对于重大建设工程,则从与该工程相关的单位抽调人员组成工程建设指挥部,由指挥部进行管理。由于这两种形式都是针对一个特定的建设工程临时组建的管理机构,相当一部分人员不具有建设工程管理的知识和经验,因此,他们只能在工作实践中摸索;而一旦工程建设投入使用,原有的工程管理机构和人员解散,当有新的建设工程时再重新组建。这样,建设工程管理的经验不能承袭升华,用来指导今后的工程建设,而教训却不断重复发生,使我国建设工程管理水平长期在低水平徘徊,当时建设工程领域中概算超估算、预算超概算、结算超预算、工期延长的现象较为普遍。

20 世纪 80 年代以后,国家在基本建设和建筑领域采取了一些重大的改革措施,如投资有偿使用(即"拨改贷")、投资包干责任制、投资主体多元化、工程招标投标制等。在这种情况下,传统的建设工程管理形式难以适应我国经济发展和改革新形势的要求。

政府有关部门对我国几十年来的建设工程管理实践进行了反思和总结,并对国外工程管理制度与管理方法进行了考察,认识到建设单位的工程项目管理是一项专门的学问,需要一大批专门的机构和人才,建设单位的工程项目管理应当走专业化、社会化的道路。为此,建设部于 1988 年发布了"关于开展建设监理工作的通知",明确提出要建立建设监理制度。建设监理制作为工程建设领域的一项改革举措,旨在改变陈旧的工程管理模式,建立专业化、社会化的建设监理机构,协助建设单位做好项目管理工作,以提高建设水平和投资效益。

1.1.2 我国建设工程监理的发展

我国建设工程监理的发展大体分为以下几个阶段:

1) 前期阶段(1982—1988 年)

我国的建设工程监理是通过世界银行贷款项目的实施引入的。最早实行这一制度的是 1984 年开工的云南鲁布革水电站引水隧道工程。按照世界银行贷款的要求,该工程在"鲁布革工程管理局"内划出了一个专司建设监理职能的工程师机构。该工程师机构由工程师代表、驻地工程师和若干检查员组成,按国际惯例代表工程项目业主对该合同工程进行现场综合监督管理。此后,我国许多利用外资、外贷建设的工程项目都按照这一国际惯例组织建设,当时多数由外国监理单位承担监理,少数由我国工程咨询等专门机构承担监理,取得了良好效果。

2) 试点阶段(1988—1993 年)

建设部 1988 年 7 月颁布了《关于开展建设监理工作的通知》,1988 年 11 月颁布《关于开展建设监理试点工作的若干意见》,确定了北京、上海、天津等八市和能源部、交通部两部的水电和公路系统作为全国开展建设监理工作试点单位。1989 年 7 月建设部又颁布了《建设监理试行规定》,随后又颁布了一系列建设监理行政文件,推进了我国工程项目建设领域改革试点工作的进程。

3) 稳步发展阶段(1993—1995 年)

建设部于 1993 年 5 月在天津召开了第五次全国建设监理工作会议,会议分析了全国建设监理工作的形势,总结了试点工作特别是"八市二部"试点工作的经验,对各地区、各部门建设监理工作给予了充分肯定。建设部决定在全国结束建设监理试点工作,从当年转入稳步发展阶段。

4) 全面推行阶段(1996 年至今)

为了完善和规范建设工程监理制度,1995 年 12 月,建设部在北京召开了第六次全国建设监理工作会议。会议总结了 7 年来建设监理工作的成绩和经验,对下一步的监理工作进行了全面部署,同时颁布了《工程建设监理规定》(自 1996 年 1 月 1 日起实施)和《工程建设监理合同示范文本》。这次会议的召开,标志着我国建设监理工作进入全面推行阶段。

为了进一步完善我国的建设监理制,1997 年 12 月全国人民代表大会通过了《中华人民共和国建筑法》。2000 年 1 月 10 日国务院第 25 次常务会议通过了《建设工程监理质量管理条例》,明确了建设工程监理的法律地位。2001 年 1 月 17 日建设部制定了《建设工程监理范围和规模标准规定》,要求在规定的范围内必须强制实行建设监理。此后国家相继出台了一系列规范建设工程监理的法规、规章等文件。随着建设工程监理向法制化、规范化的方向发展,建设工程监理在我国得到全面推行,并有了飞快的发展。

1.1.3 建设工程监理的理论基础

我国的建设工程监理是专业化、社会化的建设单位项目管理,所依据的基本理论和方法来自建设项目管理学。研究的范围包括管理思想、管理体制、管理组织、管理方法和管理手段。研究的对象是建设工程项目管理总目标的有效控制,包括费用(投资)目标、时间(工期)目标和质量目标的控制。

我国提出建设工程监理制构想时,还充分考虑了 FIDIC(国际咨询工程师联合会)合同条件。20 世纪 80 年代中期,在我国接受世界银行贷款的建设工程普遍采用了 FIDIC 土木工程施工合同条件,这些建设工程的实施效果都很好。而 FIDIC 合同条件中对工程师作为独立、公正的第三方的要求及其对承建单位严格、细致的监督和检查被认为起到了重要作用。因此,在我国建设工程监理制中也吸收了对工程监理企业和监理工程师独立、公正的要求,以保证在维护建设单位利益的同时,不损害承建单位的合法权益。同时,强调了对承建单位施工过程和施工工序的监督、检查和验收。

1.1.4 现阶段建设工程监理的特点

1）服务对象具有单一性

在国际上，建设项目管理按服务对象主要可以分为为建设单位服务的项目管理和为承建单位服务的项目管理。我国的建设工程监理制规定，工程监理企业只接受建设单位的委托，它不能接受承建单位的委托，即只为建设单位服务。

2）强制推行的制度

国外的建设项目管理是建筑市场发展的产物，一般没有来自政府部门的行政指导和干预。而我国的建设工程监理从一开始就是作为对计划经济条件下所形成的建设工程管理体制改革的一项新制度提出来的，是依靠行政手段和法律手段在全国范围推行的。因此，才能在较短时间内促进了建设工程监理在我国的发展，形成了一批专业化、社会化的工程监理企业和监理工程师队伍，缩小了与发达国家建设项目管理的差距。

3）具有监督功能

我国的工程监理企业根据建设单位授权，有权对承建单位不当建设行为进行监督，或者预先防范，或者指令及时改正，或者向有关部门反映，请求纠正。不仅如此，我国还强调对承建单位施工过程和施工工序的监督、检查和验收，而且在实践中又进一步提出了旁站监理的规定。可以说，我国监理工程师在质量控制方面的工作所达到的深度和细度，远远超过国际上的建设项目管理人员的工作深度和细度。

4）市场准入的双重控制

在建设项目管理方面，一些发达国家只对专业人士的执业资格提出要求，而没有对企业的资质管理作出规定。而我国对建设工程监理的市场准入采用了企业资质和人员资格的双重控制。这种市场准入的双重控制保证了我国建设工程监理队伍的基本素质，规范了我国建设工程监理市场。

1.2 建设工程监理的基本概念

1.2.1 建设工程监理的概念

1）建设工程监理的定义

建设工程监理是指具有相应资质的工程监理企业，接受建设单位的委托，承担其项目管理工作，并代表建设单位对承建单位的建设行为进行监督管理的专业化服务活动。

建设单位，也称为业主、项目法人，是委托监理的一方。建设单位在工程建设中拥有确定建设工程规模、标准、功能以及选择勘察、设计、施工、监理单位等工程建设中重大问题的决定权。

工程监理企业是指取得企业法人营业执照，具有监理资质证书的依法从事建设工程监理业务活动的经济组织。

承建单位，也称为承包单位、施工单位或承包商，是工程项目建造实施的经济组织。

2）参建各方的相互关系

建设单位与承包单位之间是发包与承包的合同关系，承包单位应按承包合同规定的内容实施工程项目建设活动。

建设单位和工程监理企业通过监理委托合同确定委托和被委托的关系。

工程监理企业与承包单位之间的关系属于监理与被监理的关系，承包单位的一切工程活动都必须按照相关合同约定，得到监理工程师的批准，必须接受监理工程师的监督和管理。

工程监理企业与承包单位虽然都受聘于建设单位，但二者之间无直接合同关系，其相互之间的建设行为应在监理合同和施工合同中明确的规定下来。一项工程都是由各自相对独立又相互制约的建设单位、监理企业和承包单位三者共同完成的，所以说正确认识和准确处理各方的关系是建设工程项目顺利进行的关键。

3）监理概念要点

（1）建设工程监理的行为主体

建设工程监理的行为主体是具有相应资质的工程监理企业，而不是监理工程师个人，这是我国建设工程监理制度的一项重要规定。

非监理单位对建设工程项目进行的监督活动都不能称为建设工程监理，如：建设单位自己派人对工程建设进行的监督管理，可称为"自行管理"；建设行政主管部门及其授权机构对工程建设的监督管理，则属于强制性的"行政管理"，行为主体是政府部门；同样，总承包单位对分包单位的监督管理也不能视为建设工程监理。

（2）建设工程监理实施的前提

建设工程监理实施的前提是建设单位的委托和授权。工程监理企业只有与建设单位订立书面委托监理合同，才能在合同规定的范围内行使管理权，合法地开展建设工程监理。工程监理企业在委托监理的工程中拥有一定的管理权限，是建设单位授权的结果。

承建单位根据法律、法规的规定及其与建设单位签订的有关建设工程合同的规定接受工程监理企业对其建设行为的监督管理，接受并配合监理是其履行合同的一种行为。

（3）建设工程监理的依据

建设工程监理的依据包括：工程建设文件、有关的法律法规规章和标准规范、建设工程委托监理合同和有关的建设工程合同。

工程建设文件包括：批准的可行性研究报告、建设项目选址意见书、建设用地规划许可证、建设工程规划许可证、批准的施工图设计文件、施工许可证等。

工程监理企业应当根据两类合同，即工程监理企业与建设单位签订的建设工程委托监理合同和建设单位与承建单位签订的有关建设工程合同进行监理。

1.2.2　建设工程监理的范围

建设工程监理范围可以分为监理的工程范围和监理的建设阶段范围。

1）工程范围

2001 年建设部在《建设工程监理范围和规模标准规定》中对实行强制性监理的工程范围作了具体规定。下列建设工程必须实行监理：

（1）国家重点建设工程。依据《国家重点建设项目管理办法》所确定的对国民经济和社会发展有重大影响的骨干项目。

（2）大中型公用事业工程。项目总投资在 3 000 万元以上的供水、供电、供气、供热等市政工程项目；科技、教育、文化等项目；体育、旅游、商业等项目；卫生、社会福利等项目；其他公用事业项目。

（3）成片开发建设的住宅小区工程。建筑面积在 5 万 m² 以上的住宅建设工程。

（4）利用外国政府或者国际组织贷款、援助资金的工程。包括使用世界银行、亚洲开发银行等国际组织贷款资金的项目；使用国外政府及其机构贷款资金的项目；使用国际组织或者国外政府援助资金的项目。

（5）国家规定必须实行监理的其他工程。项目总投资额在 3 000 万元以上关系社会公共利益、公众安全的交通运输、水利建设、城市基础设施、生态环境保护、信息产业、能源等基础设施项目；学校、影剧院、体育场馆项目。

2）阶段范围

建设工程监理可以适用于工程建设投资决策阶段和实施阶段，但是目前主要是建设工程施工阶段。

1.2.3　建设工程监理的性质

1）服务性

建设工程监理具有服务性，是从它的业务性质方面定性的。工程监理企业既不直接进行设计，也不直接进行施工；既不向建设单位承包造价，也不参与承包商的利益分成。在工程建设中，监理人员利用自己的知识、技能和经验、信息以及必要的试验、检测手段，为建设单位提供管理和技术服务。建设工程监理的服务对象是建设单位。监理服务是按照委托监理合同的规定进行的，是受法律约束和保护的。

工程监理企业不能完全取代建设单位的管理活动。它不具有工程建设重大问题的决策权，只能在授权范围内代表建设单位进行管理。

2）科学性

科学性是由建设工程监理要达到的基本目的决定的，也是建设工程监理单位区别于其他一般服务性组织的重要特征。建设工程监理以协助建设单位实现其投资目的为己任，力求在计划的目标内建成工程，这要求工程监理企业只能采用科学的思想、理论、方法和手段才能完成建设单位委托的工作。

3）独立性

独立性是我国建设监理制度的要求。从事工程建设监理活动的监理单位是直接参与工程项目建设的"当事人"之一，与建设单位、承包商的关系是一种平等的主体关系。在人际、业务和经济关系上必须独立，避免监理单位与其他单位之间产生利益牵制，从而保证监理单位的公正性。必须建立自己的组织，按照自己的工作计划、程序、流程、方法、手段，根据自己的判断，独立地开展工作。

4）公正性

公正性是社会公认的职业道德准则，是监理行业能够长期生存和发展的基本职业道德准则。工程监理企业应当排除各种干扰，客观、公正地对待监理的委托单位和承建单位，以事实为依据，以法律和有关合同为准绳，在维护建设单位的合法权益时不损害承建单位的合法权益。

1.2.4　建设工程监理的作用

1）有利于提高建设工程投资决策科学化水平

在投资决策阶段引入建设工程监理,通过专业化的工程监理企业的决策阶段管理服务,建设单位可以更好地选择工程咨询机构,并由工程监理企业监控工程咨询合同的实施,对咨询报告进行评估,这样可以提高建设工程投资决策的科学化水平,避免项目投资决策的失误。

2）有利于促进承建单位保证建设工程质量和使用安全

工程监理企业对承建单位建设行为的监督管理,实际上是从产品需求者的角度对建设工程生产过程的管理,这与产品生产者自身的管理有很大的不同。而工程监理企业又不同于建设工程的实际需求者,其监理人员都是既懂工程技术又懂经济管理的专业人士,他们有能力及时发现建设工程实施过程中出现的问题,发现工程材料、设备以及阶段产品存在的问题,从而避免留下工程质量隐患。因此,实行建设工程监理制之后,在加强承建单位自身对工程质量管理的基础上,由于工程监理企业介入建设工程生产过程的管理,对保证建设工程质量和使用安全有着重要作用。

3）有利于规范工程建设参与各方的建设行为

虽然工程监理企业是受建设单位委托代表建设单位来进行科学管理的,但是,工程监理企业在监督管理承建单位履行建设工程合同的同时,也要建设单位履行合同,从而使建设工程监理制在客观上起到一种约束机制的作用,起到规范工程建设参与各方的建设行为的作用。

4）有利于实现建设工程投资效益最大化

建设工程投资效益最大化有以下三种不同表现:

(1) 在满足建设工程预定功能和质量标准的前提下建设投资额最少。

(2) 在满足建设工程预定功能和质量标准的前提下建设工程寿命周期费用(或全寿命费用)最少。

(3) 建设工程本身的投资效益与环境、社会效益的综合效益最大化。

实行建设工程监理制后,工程监理企业一般都能协助建设单位实现上述第(1)种表现,也能在一定程度上实现上述第(2)种和第(3)种表现。随着建设工程寿命周期费用思想和综合效益理念的深入,建设工程投资效益最大化的第(2)种和第(3)种表现越来越受到重视,从而大大提高我国全社会的投资效益,促进我国国民经济的发展。

1.2.5　建设工程监理实施原则

1）公正、独立、自主的原则

监理工程师在建设工程监理中必须尊重科学、事实,组织各方协调配合,维护有关各方的合法权益。为此,必须坚持公正、独立、自主的原则。

2）权责一致的原则

监理工程师承担的职责应与建设单位授予的权限相一致。因此,在委托监理合同和建设工程合同中,应明确相应的授权,据此,监理工程师才能开展监理活动。

总监理工程师代表监理企业全面履行建设工程委托监理合同,承担合同中确定的监理方向建设单位所承担的义务和责任。因此,在委托监理合同实施中,监理企业应给总监理工程师充分授权,体现权责一致的原则。

3) 总监理工程师负责制的原则

总监理工程师是工程监理全部工作的负责人。总监理工程师负责制的内涵包括:

(1) 总监理工程师是工程监理的责任主体,是向建设单位和监理企业所负责任的承担者。

(2) 总监理工程师是工程监理的权利主体,全面领导建设工程的监理工作。

4) 严格监理、热情服务的原则

严格监理,就是各级监理人员严格按照法律、法规、规范、标准、合同等,认真履行职责,对施工单位进行严格监理。

热情服务,就是运用合理的技能,谨慎而勤奋的工作,为建设单位提供热情的服务。但是,不能因此一味向各施工单位转嫁风险,从而损害施工单位的正当经济利益。

5) 综合效益的原则

建设工程监理活动既要考虑建设单位的经济效益,也必须考虑与社会效益和环境效益的有机统一。

1.2.6 建设工程监理实施程序

1) 确定项目总监理工程师,成立项目监理机构

监理企业应该根据建设工程的规模、性质、建设单位对监理的要求,委派称职的人员担任项目总监理工程师,代表监理企业全面负责该工程的监理工作,对内向监理企业负责,对外向建设单位负责。

监理机构的人员构成是监理投标书中的重要内容,是建设单位在评标过程中认可的,总监理工程师在组建项目监理机构时,应根据监理大纲内容和签订的委托监理合同内容组建,并在监理规划和具体实施计划执行中进行及时的调整。

2) 编制建设工程监理规划

建设工程监理规划是开展工程监理活动的纲领性文件,其内容详见本书第5章。

3) 制定各专业监理实施细则

在监理规划的指导下,为具体指导投资控制、质量控制、进度控制的进行,还需要结合建设工程实际情况,制定相应的实施细则。

4) 规范化地开展监理工作

监理工作的规范化体现在:

(1) 工作的时序性。是指监理的各项工作都应该按一定的逻辑顺序先后展开。

(2) 职责分工的严密性。项目监理机构内部人员之间的职责分工必须严密,这是协调进行监理工作的前提和实现监理目标的重要保障。

(3) 工作目标的确定性。每一项监理工作的具体目标应确定,完成的时间应有时限规定,从而对监理工作及其效果进行检查和考核。

5) 参与验收,签署建设工程监理意见

建设工程施工完成后,监理企业应在正式验收前组织竣工预验收,对发现的问题应及时

与施工单位沟通,提出整改要求。监理企业应参加建设单位组织的工程竣工验收,并签署监理企业意见。

6)向建设单位提交建设工程监理档案资料

建设工程监理工作完成后,监理企业向建设单位提交的监理档案资料应在委托监理合同文件中约定。

7)监理工作总结

监理工作完成后,项目监理机构应及时从两个方面进行监理工作总结:一是向建设单位提交的监理工作总结;二是向监理企业提交的监理工作总结。

1.3 工程建设程序及主要管理制度

1.3.1 工程建设程序

1)建设程序的概念

建设程序是指一项建设工程从设想、提出到决策,经过设计、施工,直至投产或交付使用的整个过程中,应该遵循的内在规律。

按照建设工程的内在规律,投资建设一项工程应该经过投资决策、建设实施和交付使用三个发展时期。科学的建设程序应该在坚持"先勘察、后设计、再施工"的原则基础上,突出优化决策、竞争择优、委托监理的原则。从事建设工程活动,必须严格执行建设程序,这是每个建设工作者的职责,更是建设工程监理人员的重要职责。

按现行规定,我国一般大中型及限额以上项目的建设程序中,分为以下几个阶段:

(1)提出项目建议书。

(2)编制可行性研究报告。

(3)根据咨询评估情况对建设项目进行决策。

(4)根据批准的可行性研究报告编制设计文件。

(5)初步设计批准后,做好施工前各项准备工作。

(6)组织施工,并根据施工进度做好生产或动用前准备工作。

(7)项目按照批准的设计内容建完,经投料试车验收合格并正式投产交付使用。

(8)生产运营一段时间,进行项目后评估。

2)建设工程各阶段工作内容

(1)项目建议书阶段

项目建议书是拟建项目单位向国家提出的要求建设某一项目的建议文件,是对工程项目建设的轮廓设想。其主要作用是推荐一个拟建项目,论述其建设的必要性、建设条件的可行性和获利的可能性,供国家决策机构选择并确定是否进行下一步工作。

按照有关规定,项目建议书应根据建设规模和限额划分分别报送有关部门审批。项目建议书批准后,可以进行下一步详细的可行性研究报告,但并不表明项目非上不可,批准的项目建议书不是项目的最终决策。

（2）可行性研究阶段

可行性研究是指在项目决策之前,通过调查、研究、分析与项目有关的工程、技术、经济等方面的条件和情况,对可能的多种方案进行比较论证,同时对项目建成后的经济效益进行预测和评价的一种投资决策分析研究方法和科学分析活动。

凡经可行性研究未通过的项目,不得进行下一步工作。目前,根据《国务院关于投资体制改革的决定》,政府投资项目和非政府投资项目分别实行审批制、核准制或备案制。

（3）设计阶段

设计是对拟建工程在技术和经济上进行全面的安排,是工程建设计划的具体化,是组织施工的依据。设计质量直接关系到建设工程的质量,是建设工程的决定性环节。经批准立项的建设工程,一般应通过招标投标择优选择设计单位。

一般工程进行两阶段设计,即初步设计和施工图设计。有些工程,根据需要可在两阶段之间增加技术设计。

① 初步设计是根据批准的可行性研究报告和设计基础资料,对工程进行系统研究,概略计算,作出总体安排,拿出具体实施方案。目的是在指定的时间、空间等限制条件下,在总投资控制的额度内和质量要求下,作出技术上可行、经济上合理的设计和规定,并编制工程总概算。如初步设计提出的总概算超过可行性研究报告总投资的10%以上,或者其他主要指标需要变更时,应重新向原审批单位报批。

② 技术设计是为了进一步解决设计中的重点问题,如工艺流程、建筑结构、设备选型等,根据初步设计和进一步的调查研究资料进行。这样做可以使建设工程更具体、更完善,技术指标更合理。

③ 施工图设计是在初步设计或技术设计基础上进行的,应结合实际情况,完整、准确地表达出建筑物的外形、内部空间的分割、结构体系以及建筑系统的组成和周围环境的协调,使设计达到施工安装的要求。《建设工程质量管理条例》规定,建设单位应将施工图设计文件报县级以上人民政府建设行政主管部门或其他有关部门审查,未经审查批准的施工图设计文件不得使用。

（4）建设准备阶段

工程开工建设之前,应当切实做好各项准备工作。其中包括:组建项目法人;征地、拆迁和平整场地;做到水通、电通、路通;组织设备、材料订货;建设工程报监;委托工程监理;组织施工招标投标,优选施工单位;办理施工许可证等。具备开工条件后,建设单位申请开工。经批准,项目进入下一阶段,即施工安装阶段。

（5）施工安装阶段

建设工程具备了开工条件并取得施工许可证后才能开工。按照规定,工程新开工时间是指建设工程设计文件中规定的任何一项永久性工程第一次正式破土开槽的开始日期。不需要开槽的工程,以正式打桩作为正式开工日期。铁道、公路、水库等需要进行大量土石方工程的,以开始进行土石方工程作为正式开工日期。工程地质勘察、平整场地、旧建筑物拆除、临时建筑或设施等的施工不算正式开工。

本阶段的主要任务是按设计进行施工安装,建成工程实体。

（6）生产准备阶段

工程投产前,建设单位应当做好各项生产准备工作。生产准备阶段是由建设阶段转入生产经营阶段的重要衔接阶段。在本阶段,建设单位应当做好相关工作的计划、组织、指挥、协调和控制工作。

(7) 竣工验收阶段

建设工程按设计文件规定的内容和标准全部完成,并按规定将工程内外全部清理完毕后,达到竣工验收条件,建设单位即可组织勘察、设计、施工、监理等有关单位进行竣工验收。竣工验收合格后,建设工程方可交付使用。建设单位应及时向建设行政主管部门或其他有关部门备案并移交建设项目档案。

1.3.2 建设工程主要管理制度

1) 项目法人责任制

法人是指具有权利能力和行为能力,依法独立享有民事权利和民事义务的组织。法人是由法律创造的民事主体,是与自然人相对应的概念。我国的法人包括企业法人、机关、事业单位和社会团体。

为了建立投资约束机制,规范建设单位的行为,建设工程应当按照政企分开的原则组建项目法人,实行项目法人责任制,即由项目法人对项目的策划、资金筹措、建设实施、生产经营、债务偿还和资产的保值增值实行全过程负责的制度。

实行项目法人责任制,贯彻执行谁投资、谁决策、谁承担风险的市场经济下的基本原则,这就为项目法人提出了一个重大问题:如何做好决策和承担风险的工作。也因此对社会提出了需求,这种需求为建设工程监理的发展提供了坚实的基础,所以项目法人责任制是实行建设工程监理制的必要条件;有了建设工程监理制,建设单位可以在工程监理企业的协助下,做好投资控制、进度控制、质量控制、合同管理、信息管理、组织协调工作,这就为在计划目标内实现建设项目提供了基本保证。所以说,建设工程监理制又是实行项目责任制的基本保障。

2) 工程招标投标制

招标投标制是市场经济体制下买卖双方的一种主要竞争性交易方式。为了在工程建设领域引入竞争机制,择优选定勘察单位、设计单位、施工单位以及材料、设备供应单位,需要实行工程招标投标制。

在工程建设领域实行招标投标制,应按照《中华人民共和国招标投标法》、《工程建设项目施工招标投标办法》、《工程建设项目勘察设计招标投标办法》及《工程建设项目招标范围和规模标准规定》等的规定进行。这些法律和部门规章对招标范围和规模标准、招标方式和程序、招标投标活动的监督等内容作出了相应的规定。

3) 建设工程监理制

早在 1988 年建设部发布的"关于开展建设监理工作的通知"中就明确提出要建立建设监理制度,并在 1997 年出台的《建筑法》中以法律形式做出规定。随后国务院、建设部及各省市相继出台了有关监理的法规和规章,初步形成了我国工程监理的法律法规体系。这些法律法规的具体规定构成了我国建设工程监理制度的主要内容,为工程监理工作提供了法律保障。

建设工程监理制的实行,使我国的建设项目管理体制由传统的自筹、自建、自管的小生产模式,开始向社会化、专业化、现代化的管理模式转变。在项目法人与承包商之间引入建设工程监理单位作为中介服务的第三方，以经济合同为纽带，以提高工程建设水平为目的，形成了相互制约、相互协作、相互促进的现代项目管理体制。通过具有丰富理论知识和实践经验的监理工程师的监理工作，能够较好的实现工程目标的控制，同时能够公正、独立、自主的协调处理建设各方的关系。

4）合同管理制

为了使勘察、设计、施工、材料设备供应单位和工程监理企业依法履行各自的责任和义务，在工程建设中必须实行合同管理制。

合同管理制的基本内容是：建设工程的勘察、设计、施工、材料设备采购和建设工程监理都要依法订立合同。各类合同都要有明确的质量要求、履约担保和违约处罚条款。违约方要承担相应的法律责任。

合同管理制的实施对建设工程监理开展合同管理工作提供了法律上的支持。

1.4 建设工程法律法规体系

建设工程法律法规体系是指根据《中华人民共和国立法法》的规定，制定和公布实行的有关建设工程的各项法律、行政法规、地方性法规、自治条例、单行条例、部门规章和地方政府规章的总称。

1.4.1 建设工程法律法规规章的制定机关和法律效力

建设工程法律是指由全国人民代表大会及其常务委员会通过的规范工程建设活动的法律规范，由国家主席签署主席令予以公布，如《中华人民共和国建筑法》、《中华人民共和国招标投标法》、《中华人民共和国合同法》等。

建设工程行政法规是指由国务院根据宪法和法律制定的规范工程建设活动的各项法规，由总理签署国务院令予以公布，如《建设工程质量管理条例》、《建设工程勘察设计管理条例》等。

建设工程部门规章是指建设部按照国务院规定的职权范围，独立或同国务院有关部门联合，根据法律和国务院的行政法规、决定、命令制定的规范工程建设活动的各项规章，属于建设部制定的由部长签署建设部令予以公布，如《工程监理企业资质管理规定》、《注册监理工程师管理规定》等。

上述法律法规规章的效力是：法律的效力高于行政法规；行政法规的效力高于部门规章。

1.4.2 与建设工程监理有关的建设工程法律法规规章

1）法律

（1）《中华人民共和国建筑法》

（2）《中华人民共和国合同法》

（3）《中华人民共和国招标投标法》

(4)《中华人民共和国土地管理法》

(5)《中华人民共和国城市规划法》

(6)《中华人民共和国城市房地产管理法》

(7)《中华人民共和国环境保护法》

(8)《中华人民共和国环境影响评价法》

2) 行政法规

(1)《建设工程质量管理条例》

(2)《建设工程勘察设计管理条例》

(3)《建设工程安全生产管理条例》

(4)《中华人民共和国土地管理法实施条例》

3) 部门规章

(1)《工程监理企业资质管理规定》

(2)《注册监理工程师管理规定》

(3)《建设工程监理范围和规模标准规定》

(4)《建筑工程设计招标投标管理办法》

(5)《房屋建筑和市政基础设施工程施工招标投标管理办法》

(6)《评标委员会和评标方法暂行规定》

(7)《建筑工程施工发包与承包计价管理办法》

(8)《建筑工程施工许可管理办法》

(9)《实施工程建设强制性标准监督规定》

(10)《房屋建筑工程质量保修办法》

(11)《房屋建筑工程和市政基础设施工程竣工验收备案管理办法》

(12)《建筑安全生产监督管理规定》

(13)《城市建设档案管理规定》

(14)《房屋建筑工程施工旁站监理管理办法(试行)》

(15)《建筑施工企业安全生产管理机构设置及专职安全生产管理人员配备办法》

(16)《危险性较大工程安全专项施工方案编制及专家论证审查办法》

所有建设工程监理的从业人员都应当了解和熟悉我国建设工程法律法规体系,并熟悉和掌握其中与监理工作关系密切的法律法规规章,以便依法进行监理和规范自己的工程监理行为。

1.4.3 与建设工程监理有关的建设工程法律法规规章简介

1) 中华人民共和国建筑法

《中华人民共和国建筑法》(以下简称《建筑法》)是我国工程建设领域的一部大法。全文分 8 章共计 85 条。整部法律内容是以建筑市场管理为中心,以建筑活动监督管理为主线形成的。在中华人民共和国境内从事建筑活动,实施对建筑活动的监督管理,应当遵守本法。本法所指的建筑活动是指各类房屋及附属设施的建造以及与其配套的线路、管道、设备的安装活动。

《建筑法》中关于建筑工程监理的规定,主要有以下内容:

（1）国家推行建筑工程监理制度。国务院可以规定实行强制监理的建筑工程的范围。

（2）实行监理的建筑工程，由建设单位委托具有相应资质条件的工程监理单位监理。建设单位与其委托的工程监理单位应当订立书面委托监理合同。

（3）建设工程监理应当依照法律、行政法规及有关的技术标准、设计文件和建筑工程承包合同，对承包单位在施工质量、建设工期和建设资金使用等方面，代表建设单位实施监督。工程监理人员认为工程施工不符合工程设计要求、施工技术标准和合同约定的，有权要求建筑施工企业改正。工程监理人员发现工程设计不符合建筑工程质量标准或者合同约定的质量要求的，应当报告建设单位要求设计单位改正。

（4）实施建设工程监理前，建设单位应当将委托的工程监理单位、监理的内容及监理权限，书面通知被监理的建筑施工企业。

（5）工程监理单位应当在其资质等级许可的监理范围内承担工程监理业务。工程监理单位应当根据建设单位的委托，客观、公正地执行监理任务。工程监理单位与被监理工程的承包单位以及建筑材料、建筑构配件和设备供应单位不得有隶属关系或者其他利害关系。工程监理单位不得转让工程监理业务。

（6）工程监理单位不按照委托监理合同的约定履行监理义务，对应当监督检查的项目不检查或者不按照规定检查，给建设单位造成损失的，应当承担相应的赔偿责任。工程监理单位与承包单位串通，为承包单位谋取非法利益，给建设单位造成损失的，应当与承包单位承担连带赔偿责任。

（7）工程监理单位与建设单位或者建筑施工企业串通，弄虚作假、降低工程质量的，责令改正，处以罚款，降低资质等级或者吊销资质证书；有违法所得的，予以没收；造成损失的，承担连带赔偿责任；构成犯罪的，依法追究刑事责任。工程监理单位转让监理业务的，责令改正，没收违法所得，可以责令停业整顿，降低资质等级；情节严重的，吊销资质证书。

2）建设工程质量管理条例

《建设工程质量管理条例》（简称《质量管理条例》）是国务院颁布的第一个专门规范建设工程质量的法规。以建设工程质量责任主体为基线，规定了建设单位、勘察单位、设计单位、施工单位和工程监理单位的质量责任和义务，明确了工程质量保修制度、工程质量监督制度等内容，并对各种违法违规行为的处罚作了原则规定。凡在中华人民共和国境内从事建设工程的新建、扩建、改建等有关活动及实施对建设工程质量监督管理的，必须遵守本条例。本条例所称建设工程，是指土木工程、建筑工程、线路管道和设备安装工程及装修工程。

本条例有关监理的规定有：

（1）实行监理的建设工程，建设单位应当委托具有相应资质等级的工程监理单位进行监理，也可以委托具有工程监理相应资质等级并与被监理工程的施工承包单位没有隶属关系或者其他利害关系的该工程的设计单位进行监理。

下列建设工程必须实行监理：国家重点建设工程；大中型公用事业工程；成片开发建设的住宅小区工程；利用外国政府或者国际组织贷款、援助资金的工程；国家规定必须实行监理的其他工程。

（2）工程监理单位应当依法取得相应等级的资质证书，并在其资质等级许可的范围内承担工程监理业务。禁止工程监理单位超越本单位资质等级许可的范围或者以其他工程监理单位的名义承担工程监理业务。禁止工程监理单位允许其他单位或者个人以本单位的名义承担工程监理业务。

工程监理单位不得转让工程监理业务。

（3）工程监理单位与被监理工程的施工承包单位以及建筑材料、建筑构配件和设备供应单位有隶属关系或者其他利害关系的，不得承担该项建设工程的监理业务。

（4）工程监理单位应当依照法律、法规以及有关技术标准、设计文件和建设工程承包合同，代表建设单位对施工质量实施监理，并对施工质量承担监理责任。

（5）工程监理单位应当选派具备相应资格的总监理工程师和监理工程师进驻施工现场。未经监理工程师签字，建筑材料、建筑构配件和设备不得在工程上使用或者安装，施工单位不得进行下一道工序的施工。未经总监理工程师签字，建设单位不拨付工程款，不进行竣工验收。

（6）监理工程师应当按照工程监理规范的要求，采取旁站、巡视和平行检验等形式对建设工程实施监理。

（7）工程监理单位有下列行为之一的，责令改正，处 50 万元以上 100 万元以下的罚款，降低资质等级或者吊销资质证书；有违法所得的，予以没收；造成损失的，承担连带赔偿责任；与建设单位或者施工单位串通，弄虚作假、降低工程质量的；将不合格的建设工程、建筑材料、建筑构配件和设备按照合格签字的。

（8）违反本条例规定，工程监理单位与被监理工程的施工承包单位以及建筑材料、建筑构配件和设备供应单位有隶属关系或者其他利害关系承担该项建设工程的监理业务的，责令改正，处 5 万元以上 10 万元以下的罚款，降低资质等级或者吊销资质证书；有违法所得的，予以没收。

3）建设工程安全生产管理条例

《建设工程安全生产管理条例》（简称《条例》）的颁布是工程建设领域贯彻落实《建筑法》、《安全生产法》的具体表现，它以建设单位、勘察单位、设计单位、施工单位、工程监理单位以及其他与建设工程安全生产有关的单位为主体，规定了各个主体在安全生产中的安全管理责任与义务，并对监督管理、生产安全事故的应急救援和调查处理、法律责任等做了相应的规定。

凡在中华人民共和国境内从事建设工程的新建、扩建、改建和拆除等有关活动及实施对建设工程安全生产的监督管理，必须遵守本条例。本条例所称建设工程，是指土木工程、建筑工程、线路管道和设备安装工程及装修工程。

本条例有关监理的规定有：

（1）工程监理单位应当审查施工组织设计中的安全技术措施或者专项施工方案是否符合工程建设强制性标准。工程监理单位在实施监理过程中，发现存在安全事故隐患的，应当要求施工单位整改；情况严重的，应当要求施工单位暂时停止施工，并及时报告建设单位。施工单位拒不整改或者不停止施工的，工程监理单位应当及时向有关主管部门报告。工程监理单位和监理工程师应当按照法律、法规和工程建设强制性标准实施监理，并对建设工程安全生产承担监理责任。

（2）施工单位应当在施工组织设计中编制安全技术措施和施工现场临时用电方案，对下列达到一定规模的危险性较大的分部分项工程编制专项施工方案，并附有安全验算结果，经施工单位技术负责人、总监理工程师签字后实施，由专职安全生产管理人员进行现场监督：①基坑支护与降水工程；②土方开挖工程；③模板工程；④起重吊装工程；⑤脚手架工程；⑥拆除、爆破工程；⑦国务院建设行政主管部门或者其他有关部门规定的其他危险性较大的工程。

对前款所列工程中涉及深基坑、地下暗挖工程、高大模板工程的专项施工方案，施工单位还应当组织专家进行论证、审查。

（3）违反本条例的规定，工程监理单位有下列行为之一的，责令限期改正；逾期未改正的，责令停业整顿，并处 10 万元以上 30 万元以下的罚款；情节严重的，降低资质等级，直至吊销资质证书；造成重大安全事故，构成犯罪的，对直接责任人员，依照刑法有关规定追究刑事责任；造成损失的，依法承担赔偿责任：

① 未对施工组织设计中的安全技术措施或者专项施工方案进行审查的。
② 发现安全事故隐患未及时要求施工单位整改或者暂时停止施工的。
③ 施工单位拒不整改或者不停止施工，未及时向有关主管部门报告的。
④ 未依照法律、法规和工程建设强制性标准实施监理的。

1.5 建设工程监理规范与相关文件

行政主管部门制定颁发的工程建设方面的标准、规范和规程也是建设工程监理的依据。《工程建设标准强制性条文》和《建设工程监理规范》虽然都不属于建设工程法律法规规章体系，但是对建设监理工作有重要的作用，故放在本节中一并介绍。

1.5.1 《工程建设标准强制性条文》简介

工程建设标准是指建设工程设计、施工方法和安全保护的统一的技术要求及有关工程建设的技术术语、符号、代号、制图方法的一般原则。根据标准的约束性可划分为强制性标准和推荐性标准；根据内容可划分为设计标准、施工及验收标准和建设定额；按属性可划分为技术标准、管理标准和工作标准；按我国标准的分级有国家标准、地方标准和企业标准。我国现行的工程建设标准体制是强制性与推荐性标准相结合的体制。工程建设标准体制改革的目标就是建立技术法规与技术标准相结合的管理体制。出台《工程建设标准强制性条文》（以下简称《强制性条文》）正是我国工程建设标准体制改革的重要举措。

《强制性条文》是《建设工程质量管理条例》的配套文件，它是工程建设强制性标准实施监督的依据，具备法律性质。《强制性条文》的内容是摘录现行工程建设标准中直接涉及人民生命财产安全、人身健康、环境保护和其他公众利益的规定，同时也包括保护资源、节约投资、提高经济效益和社会效益等政策要求，必须严格贯彻执行。《强制性条文》对设计、施工人员来说，是设计或施工时必须绝对遵守的技术法规；对监理人员来说，是实施工程监理时首先要进行监理的内容；对政府监督人员来说，是重要的、可操作的处罚依据。

1.5.2 《建设工程监理规范》

《建设工程监理规范》（GB 50319—2000）（以下简称《监理规范》）是建设部和国家质量

技术监督局共同制定的国家标准,共分 8 章,包括总则、术语、项目监理机构及其设施、监理规划及监理实施细则、施工阶段的监理工作、施工合同管理的其他工作、施工阶段监理资料的管理、设备采购监理与设备监造,另外附有施工阶段监理工作的基本表式。该规范暂未涉及工程项目前期可行性研究和设计阶段的监理工作,仅涉及施工阶段的监理工作。

《监理规范》适用于新建、扩建、改建建设工程施工、设备采购和监造的监理工作,其制定的目的是为了提高建设工程监理水平,规范建设工程监理行为。

1.5.3 《危险性较大工程安全专项施工方案编制及专家论证审查办法》

为加强建设工程项目的安全技术管理,防止建筑施工安全事故,保障人身和财产安全,建设部依据《建设工程安全生产管理条例》,制定本办法。本办法适用于土木工程、建筑工程、线路管道和设备安装工程及装修工程的新建、改建、扩建和拆除等活动。

危险性较大工程是指依据《建设工程安全生产管理条例》所指的七项分部分项工程,并应当在施工前单独编制安全专项施工方案。

(1) 基坑支护与降水工程。基坑支护工程是指开挖深度超过 5m(含 5m)的基坑(槽)并采用支护结构施工的工程;或基坑虽未超过 5m,但地质条件和周围环境复杂、地下水位在坑底以上等工程。

(2) 土方开挖工程。土方开挖工程是指开挖深度超过 5m(含 5m)的基坑(槽)的土方开挖。

(3) 模板工程。各类工具式模板工程,包括滑模、爬模、大模板等,水平混凝土构件模板支撑系统及特殊结构模板工程。

(4) 起重吊装工程。

(5) 脚手架工程。高度超过 24m 的落地式钢管脚手架;附着式升降脚手架,包括整体提升与分片式提升;悬挑式脚手架;门型脚手架;挂脚手架;吊篮脚手架;卸料平台。

(6) 拆除、爆破工程。采用人工、机械拆除或爆破拆除的工程。

(7) 其他危险性较大的工程。建筑幕墙的安装施工;预应力结构张拉施工;隧道工程施工;桥梁工程施工(含架桥);特种设备施工;网架和索膜结构施工;6m 以上的边坡施工;大江、大河的导流、截流施工;港口工程、航道工程;采用新技术、新工艺、新材料,可能影响建设工程质量安全,已经行政许可,尚无技术标准的施工。

建筑施工企业专业工程技术人员编制的安全专项施工方案,由施工企业技术部门的专业技术人员及监理单位专业监理工程师进行审核。审核合格,由施工企业技术负责人、监理单位总监理工程师签字。

建筑施工企业应当组织不少于五人的专家组,对已编制的安全专项施工方案进行论证审查。专家组必须提出书面论证审查报告,施工企业应根据论证审查报告进行完善,经施工企业技术负责人、总监理工程师签字后方可实施。

建筑施工企业应当组织专家组对下列工程进行论证审查:

(1) 深基坑工程。开挖深度超过 5m(含 5m)或地下室三层以上(含三层),或深度虽未超过 5m(含 5m),但地质条件和周围环境及地下管线极其复杂的工程。

(2) 地下暗挖工程。地下暗挖及遇有溶洞、暗河、瓦斯、岩爆、涌泥、断层等地质复杂的隧道工程。

（3）高大模板工程。水平混凝土构件模板支撑系统高度超过 8m，或跨度超过 18m，施工总荷载大于 $10kN/m^2$，或集中线荷载大于 15kN/m 的模板支撑系统。

（4）30m 及以上高空作业的工程。

（5）大江、大河中深水作业的工程。

（6）城市房屋拆除爆破和其他土石大爆破工程。

1.5.4　房屋建筑工程施工旁站监理管理办法

为提高建设工程质量，建设部颁布了《房屋建筑工程施工旁站监理管理办法》，该规范性文件中房屋建筑工程施工旁站监理（以下简称旁站监理），是指监理人员在房屋建筑工程施工阶段监理中，对关键部位、关键工序的施工质量实施全过程现场跟班的监督活动。

监理企业在编制监理规划时，应当制定旁站监理方案，明确旁站监理的范围、内容、程序和旁站监理人员职责等。旁站监理方案应当送建设单位和施工企业各一份，并抄送工程所在地的建设行政主管部门或其委托的工程质量监督机构。

施工企业根据监理企业制定的旁站监理方案，在需要实施旁站监理的关键部位、关键工序进行施工前 24 小时，应当书面通知监理企业派驻工地的项目监理机构。项目监理机构应当安排旁站监理人员按照旁站监理方案实施旁站监理。

旁站监理人员的主要职责是：

（1）检查施工企业现场质检人员到岗、特殊工种人员持证上岗以及施工机械、建筑材料准备情况。

（2）在现场跟班监督关键部位、关键工序的施工执行施工方案以及工程建设强制性标准情况。

（3）核查进场建筑材料、建筑构配件、设备和商品混凝土的质量检验报告等，并可在现场监督施工企业进行检验或者委托具有资格的第三方进行复验。

（4）做好旁站监理记录和监理日记，保存旁站监理的原始资料。

凡旁站监理人员和施工企业现场质检人员未在旁站监理记录上签字的，施工单位不得进行下一道工序施工，监理工程师或者总监理工程师不得在相应文件上签字。在工程竣工验收后，监理企业应当将旁站监理记录存档备查。

旁站监理人员实施旁站监理时，发现施工企业有违反工程建设强制性标准行为的，有权责令施工企业立即整改；发现其施工活动已经或者可能危及工程质量的，应当及时向监理工程师或者总监理工程师报告，由总监理工程师下达局部暂停施工指令或者采取其他应急措施。

1.5.5　建设部关于落实建设工程安全生产监理责任的若干意见

1）建设工程安全监理的主要工作内容

（1）施工准备阶段安全监理的主要工作内容

① 监理单位应根据《条例》的规定，按照工程建设强制性标准、《建设工程监理规范》（GB 50319）和相关行业监理规范的要求，编制包括安全监理内容的项目监理规划，明确安全监理的范围、内容、工作程序和制度措施，以及人员配备计划和职责等。

② 对中型及以上项目和《条例》第二十六条规定的危险性较大的分部分项工程，监理单

位应当编制监理实施细则。实施细则应当明确安全监理的方法、措施和控制要点,以及对施工单位安全技术措施的检查方案。

③ 审查施工单位编制的施工组织设计中的安全技术措施和危险性较大的分部分项工程安全专项施工方案是否符合工程建设强制性标准要求。审查的主要内容应当包括:

a. 施工单位编制的地下管线保护措施方案是否符合强制性标准要求。

b. 基坑支护与降水、土方开挖与边坡防护、模板、起重吊装、脚手架、拆除、爆破等分部分项工程的专项施工方案是否符合强制性标准要求。

c. 施工现场临时用电施工组织设计或者安全用电技术措施和电气防火措施是否符合强制性标准要求。

d. 冬季、雨季等季节性施工方案的制定是否符合强制性标准要求。

e. 施工总平面布置图是否符合安全生产的要求,办公、宿舍、食堂、道路等临时设施设置以及排水、防火措施是否符合强制性标准要求。

④ 检查施工单位在工程项目上的安全生产规章制度和安全监管机构的建立、健全及专职安全生产管理人员配备情况,督促施工单位检查各分包单位的安全生产规章制度的建立情况。

⑤ 审查施工单位资质和安全生产许可证是否合法有效。

⑥ 审查项目经理和专职安全生产管理人员是否具备合法资格,是否与投标文件相一致。

⑦ 审核特种作业人员的特种作业操作资格证书是否合法有效。

⑧ 审核施工单位应急救援预案和安全防护措施费用使用计划。

(2) 施工阶段安全监理的主要工作内容

① 监督施工单位按照施工组织设计中的安全技术措施和专项施工方案组织施工,及时制止违规施工作业。

② 定期巡视检查施工过程中危险性较大工程的作业情况。

③ 核查施工现场施工起重机械、整体提升脚手架、模板等自升式架设设施和安全设施的验收手续。

④ 检查施工现场各种安全标志和安全防护措施是否符合强制性标准要求,并检查安全生产费用的使用情况。

⑤ 督促施工单位进行安全自查工作,并对施工单位自查情况进行抽查,参加建设单位组织的安全生产专项检查。

2) 建设工程安全监理的工作程序

(1) 监理单位按照《建设工程监理规范》和相关行业监理规范要求,编制含有安全监理内容的监理规划和监理实施细则。

(2) 在施工准备阶段,监理单位审查核验施工单位提交的有关技术文件及资料,并由项目总监在有关技术文件报审表上签署意见;审查未通过的,安全技术措施及专项施工方案不得实施。

(3) 在施工阶段,监理单位应对施工现场安全生产情况进行巡视检查,对发现的各类安全事故隐患应书面通知施工单位,并督促其立即整改;情况严重的,监理单位应及时下达工程暂停令,要求施工单位停工整改,同时报告建设单位。安全事故隐患消除后,监理单位应检查整改结果,签署复查或复工意见。施工单位拒不整改或不停工整改的,监理单位应当及时向工程所在地建设主管部门或工程项目的行业主管部门报告。以电话形式报告的,应当有通话记录,并及时补充书面报告。检查、整改、复查、报告等情况应记载在监理日志、监理月报中。

监理单位应核查施工单位提交的施工起重机械、整体提升脚手架、模板等自升式架设设施和安全设施等验收记录,并由安全监理人员签收备案。

(4)工程竣工后,监理单位应将有关安全生产的技术文件、验收记录、监理规划、监理实施细则、监理月报、监理会议纪要及相关书面通知等按规定立卷归档。

3)建设工程安全生产的监理责任

(1)监理单位应对施工组织设计中的安全技术措施或专项施工方案进行审查,未进行审查的,监理单位应承担《条例》第五十七条规定的法律责任。

施工组织设计中的安全技术措施或专项施工方案未经监理单位审查签字认可,施工单位擅自施工的,监理单位应及时下达工程暂停令,并将情况及时书面报告建设单位。监理单位未及时下达工程暂停令并报告的,应承担《条例》第五十七条规定的法律责任。

(2)监理单位在监理巡视检查过程中,发现存在安全事故隐患的,应按照有关规定及时下达书面指令要求施工单位进行整改或停止施工。监理单位发现安全事故隐患没有及时下达书面指令要求施工单位进行整改或停止施工的,应承担《条例》第五十七条规定的法律责任。

(3)施工单位拒绝按照监理单位的要求进行整改或者停止施工的,监理单位应及时将情况向当地建设主管部门或工程项目的行业主管部门报告。监理单位没有及时报告,应承担《条例》第五十七条规定的法律责任。

(4)监理单位未依照法律、法规和工程建设强制性标准实施监理的,应当承担《条例》第五十七条规定的法律责任。

监理单位履行了上述规定的职责,施工单位未执行监理指令继续施工或发生安全事故的,应依法追究监理单位以外的其他相关单位和人员的法律责任。

4)落实安全生产监理责任的主要工作

(1)健全监理单位安全监理责任制。监理单位法定代表人应对本企业监理工程项目的安全监理全面负责。总监理工程师要对工程项目的安全监理负责,并根据工程项目特点,明确监理人员的安全监理职责。

(2)完善监理单位安全生产管理制度。在健全审查核验制度、检查验收制度和督促整改制度基础上,完善工地例会制度及资料归档制度。定期召开工地例会,针对薄弱环节提出整改意见并督促落实;指定专人负责监理内业资料的整理、分类及立卷归档。

(3)建立监理人员安全生产教育培训制度。监理单位的总监理工程师和安全监理人员需经安全生产教育培训后方可上岗,其教育培训情况记入个人继续教育档案。

各级建设主管部门和有关主管部门应当加强建设工程安全生产管理工作的监督检查,督促监理单位落实安全生产监理责任,对监理单位实施安全监理给予支持和指导,共同督促施工单位加强安全生产管理,防止安全事故的发生。

复习思考题

1. 简述建设工程监理概念及其要点，以及参建各方的关系。
2. 简述建设工程监理的性质和作用。
3. 简述建设工程监理实施原则。
4. 简述建设工程监理实施程序。
5. 简述建设工程主要管理制度。
6. 简述《建设工程安全生产管理条例》中有关建设工程监理的规定。
7. 简述《房屋建筑工程施工旁站监理管理办法》中关于旁站监理人员职责的规定。

2 监理工程师

本章提要:本章主要介绍了监理工程师的概念和素质;监理工程师的职业道德和纪律;监理工程师的考试、注册和继续教育;监理工程师的法律地位和责任。

2.1 监理工程师的概念和素质

2.1.1 监理工程师的基本概念

监理工程师是指经全国监理工程师执业资格统一考试合格,取得监理工程师执业资格证书,并经注册取得中华人民共和国注册监理工程师注册执业证书和执业印章,从事工程监理及相关业务活动的专业技术人员。

监理工程师必须具备三个基本条件:

(1) 参加全国监理工程师统一考试成绩合格,取得《监理工程师资格证书》。

(2) 根据注册规定,经监理工程师注册机关注册取得《监理工程师岗位证书》。

(3) 从事建设工程监理工作。

2.1.2 监理工程师的素质

工程建设监理是一个高层次、高水平,智力密集型、技术密集型的服务性行业,它涉及科技、经济、法律、管理等多门学科和多种专业。监理工程师在项目建设中处于核心地位,需要的是智能型、复合型、高素质的人才,不仅要有一定的工程技术或工程经济方面的专业知识、较强的专业技术能力,能够对工程建设进行监督管理,提出指导性的意见,而且要有一定的组织协调能力,能够组织、协调工程建设有关各方共同完成工程建设任务。结合我国的实际情况,监理工程师应该具备以下基本素质:

(1) 良好的品德

① 热爱本职工作。

② 具有科学的工作态度。

③ 具有廉洁奉公、为人正直、办事公道的高尚情操。

④ 能听取不同方面的意见,冷静分析问题。

(2) 良好的业务素质

① 具有较高的学历和多学科复合型的知识结构。工程建设涉及的学科很多,作为监理工程师,至少应学习、掌握一种专业理论知识。一名监理工程师,至少应具有工程类大专以上学历,并了解或掌握一定的工程建设经济、法律和组织管理等方面的理论知识。同时,应不断学习和了解新技术、新设备、新材料、新工艺,熟悉工程建设相关的现行法律法规、政策规定等方面的新知识,达到一专多能的复合型人才,持续保持较高的知识水准。

② 要有丰富的工程建设实践经验。工程建设实践经验就是理论知识在工程建设中的成功应用。监理工程师的业务主要表现为工程技术理论与工程管理理论在工程建设中的具体应用,因此,实践经验是监理工程师的重要素质之一。有关资料统计分析表明,工程建设中出现的失误,大多与经验不足有关,少数是责任心不强。所以,世界各国都很重视工程建设实践经验。在考核某个单位或某一个人的能力时,都把经验作为重要的衡量尺度。

③ 要有较好的工作方法和组织协调能力。较好的工作方法和善于组织协调是体现监理工程师工作能力高低的重要因素。监理工程师要能够准确地综合运用专业知识和科学手段,做到事前有计划、事中有记录、事后有总结;建立较为完善的工作程序、工作制度;既要有原则,又要有灵活性;同时,要做好参与工程建设各方的组织协调,发挥系统的整体功能,实现投资、进度、质量目标的协调统一。

(3) 良好的身心素质

尽管工程建设监理是以脑力劳动为主,但是也必须具有健康的身体和充沛的精力,这样才能胜任繁忙、严谨的监理工作。工程建设施工阶段,由于露天作业,工作条件艰苦,往往工作紧迫、业务繁忙,更需要有健康的身体,否则难以胜任工作。我国对年满65周岁的监理工程师就不再进行注册。

2.2 监理工程师的职业道德

2.2.1 我国监理工程师的职业道德

工程建设监理是一项高尚的工作,为了确保建设监理事业的健康发展,我国对监理工程师的执业道德和工作纪律都有严格的要求,在有关法规中也作了具体的规定。

(1) 维护国家的荣誉和利益,按照"守法、诚信、公正、科学"的准则执业。

(2) 执行有关工程建设的法律、法规、标准、规范、规程和制度,履行监理合同规定的义务和职责。

(3) 努力学习专业技术和建设监理知识,不断提高业务能力和监理水平。

(4) 不以个人名义承揽监理业务。

(5) 不同时在两个或两个以上监理单位注册和从事监理活动,不在政府部门和施工、材料设备的生产供应等单位兼职。

(6) 不为所监理项目指定承包商、建筑构配件、设备、材料生产厂家和施工方法。

(7) 不收受被监理单位的任何礼金。

(8) 不泄露所监理工程各方认为需要保密的事项。

(9) 坚持独立自主地开展工作。

2.2.2 FIDIC 道德准则

FIDIC 是国际咨询工程师联合会(Fédération Internationale Des Ingénieurs Conseils)的法文缩写。国际咨询工程师联合会(FIDIC)于1991年在慕尼黑召开的全体成员大会上,讨论批准了 FIDIC 通用道德准则。该准则分别从对社会和职业的责任、能力、正直性、公正性、对他人的公正 5 个问题计 14 个方面规定了工程师的道德行为准则。目前,国际咨询工程师联合会的会员国都在认真执行这一准则。下述准则是其成员行为的基本准则:

1) 对社会和职业的责任

(1) 接受对社会的职业责任。

(2) 寻求与确认的发展原则相适应的解决办法。

(3) 在任何时候,维护职业的尊严、名誉和荣誉。

2) 能力

(1) 保持其知识和技能与技术、法规、管理的发展相一致的水平。对于委托人要求的服务采用相应的技能,并尽心尽力。

(2) 仅在有能力从事服务时方才进行。

3) 正直性

在任何时候均为委托人的合法权益行使其职责,并且正直和忠诚地进行职业服务。

4) 公正性

(1) 在提供职业咨询、评审或决策时不偏不倚。

(2) 通知委托人在行使其委托权时可能引起的任何潜在的利益冲突。

(3) 不接受可能导致判断不公的报酬。

5) 对他人的公正

(1) 加强"按照能力进行选择"的观念。

(2) 不得故意或无意地做出损害他人名誉或事务的事情。

(3) 不得直接或间接取代某一特定工作中已经任命的其他咨询工程师的位置。

(4) 通知该咨询工程师并且接到委托人终止其先前任命的建议前不得取代该咨询工程师的工作。

(5) 在被要求对其他咨询工程师的工作进行审查的情况下,要以适当的职业行为和礼节进行。

2.3 监理工程师执业资格考试、注册和继续教育

2.3.1 监理工程师执业资格考试

1) 监理工程师执业资格考试制度

执业资格是政府对某些责任较大、社会通用性强、关系公共利益的专业技术工作实行的市场准入控制,是专业技术人员依法独立开业或独立从事某种专业技术工作所必需的学识、技术和能力标准。我国按照有利于国家经济发展、得到社会公认、具有国际可比性、事关社会公共利益四项原则,在涉及国家、人民财产安全的专业技术工作领域实行专业技术人员执业资格制度。执业资格一般要通过考试方式取得,这体现了执业资格制度公平、公开、公正的原则。监理工程师是新中国成立以来在工程建设领域第一个设立的执业资格。

实行监理工程师执业资格考试制度的意义在于:

(1) 促进监理人员努力钻研监理知识,提高业务水平。

（2）统一监理工程师的业务能力标准。

（3）有利于公正地确定监理人员是否具备监理工程师的资格。

（4）合理建立工程监理人才库。

（5）便于同国际接轨,开拓国际工程监理市场。

2）报考监理工程师的条件

国际上多数国家在设立执业资格时,通常比较注重执业人员的专业学历和工作经验。我国根据对监理工程师业务素质和能力的要求,对参加监理工程师执业资格考试的报名条件也从这两个方面作出了限制:一是要有一定的专业学历;二是要具有一定年限的工程建设实践经验。

3）考试内容

由于监理工程师的业务主要是控制建设工程的质量、投资、进度,监督管理建设工程合同,协调工程建设各方的关系,所以,监理工程师执业资格考试的内容主要是工程建设监理基本理论、工程质量控制、工程进度控制、工程投资控制、建设工程合同管理和涉及工程监理的相关法律法规等方面的理论知识和实务技能。

4）考试方式和管理

（1）监理工程师执业考试是一种水平考试,是对应试者掌握监理理论和监理实务技能的抽检。为了体现公开、公平、公正原则,考试实行全国统一考试大纲、统一命题、统一组织、统一时间、闭卷考试、分科记分、统一录取标准的办法,一般每年举行一次。考试所有语言为汉语。

（2）国务院建设行政主管部门负责编制监理工程师执业资格考试大纲,编写考试教材和组织命题工作,统一规划、组织或授权组织监理工程师执业资格考试的考前培训等有关工作。

（3）国务院人事行政主管部门负责审定监理工程师执业资格考试科目、考试大纲和考试试题,组织实施考务工作,会同国务院建设行政主管部门对监理工程师执业资格考试进行检查、监督、指导和确定合格标准。

（4）对考试合格人员,由省、自治区、直辖市人民政府人事行政主管部门颁发由国务院人事行政主管部门统一印制,国务院人事行政主管部门和建设行政主管部门共同用印的《监理工程师执业资格证书》。取得执业资格证书并经注册后,即成为监理工程师。

2.3.2 监理工程师注册

我国对监理工程师执业资格实行注册制度,这既是国际上通行的做法,也是政府对监理从业人员实行市场准入控制的有效手段。监理工程师经注册,即表明获得了政府对其以监理工程师名义从业的行政许可,因而具有相应工作岗位的责任和权利。仅取得《监理工程师执业资格证书》,没有取得《监理工程师注册证书》的人员,则不具备这些权利,也不承担相应的责任。

监理工程师的注册,根据注册内容的不同分为三种形式,即初始注册、延续注册和变更注册。按照我国有关法规规定,监理工程师依据其所学专业、工作经历、工程业绩,按专业注册,每个人最多可以申请两个专业注册,并且只能在一家建设工程勘察、设计、施工、监理、招标代理、造价咨询等企业注册。注册证书和执业印章是注册监理工程师的执业凭证,由注册监理工程师本人保管、使用。注册证书和执业印章的有效期为三年。

1）初始注册

经考试合格，取得《监理工程师执业资格证书》的，可自资格证书签发之日起三年内提出申请。逾期未申请者，须符合继续教育的要求后方可申请初始注册。

（1）申请初始注册，应当具备以下条件：

① 经全国注册监理工程师执业资格统一考试合格，取得资格证书。

② 受聘于一个相关单位。

③ 达到继续教育要求。

（2）初始注册需要提交下列材料：

① 申请人的注册申请表。

② 申请人的资格证书和身份证复印件。

③ 申请人与聘用单位签订的聘用劳动合同复印件。

④ 所学专业、工作经历、工程业绩、工程类中级及中级以上职称证书等有关证明材料。

⑤ 逾期初始注册的，应当提供达到继续教育要求的证明材料。

2）续期注册

注册监理工程师每一注册有效期为三年，注册有效期满需继续执业的，应当在注册有效期满30日前，按照有关规定的程序申请延续注册。延续注册有效期三年。延续注册需要提交下列材料：

（1）申请人延续注册申请表。

（2）申请人与聘用单位签订的聘用劳动合同复印件。

（3）申请人注册有效期内达到继续教育要求的证明材料。

3）变更注册

在注册有效期内，注册监理工程师变更执业单位，应当与原聘用单位解除劳动关系，并按规定的程序办理变更注册手续，变更注册后仍延续原注册有效期。变更注册需要提交下列材料：

（1）申请人变更注册申请表。

（2）申请人与新聘用单位签订的聘用劳动合同复印件。

（3）申请人的工作调动证明（与原聘用单位解除聘用劳动合同或者聘用劳动合同到期的证明文件、退休人员的退休证明）。

4）不予初始注册、延续注册或是变更注册的特殊情况

（1）不具有完全民事行为能力的。

（2）刑事处罚尚未执行完毕或者因从事工程监理或者相关业务受到刑事处罚，自刑事处罚执行完毕之日起至申请注册之日止不满两年的。

（3）未达到监理工程师继续教育要求的。

（4）在两个或者两个以上单位申请注册的。

（5）以虚假的职称证书参加考试并取得资格证书的。

（6）年龄超过65周岁的。

（7）法律、法规规定不予注册的其他情形。

2.3.3　监理工程师的继续教育

（1）继续教育的目的

通过开展继续教育使注册监理工程师及时掌握与工程监理有关的法律法规、标准规范和政策，熟悉工程监理与工程项目管理的新理论、新方法，了解工程建设新技术、新材料、新设备及新工艺，适时更新业务知识，不断提高注册监理工程师业务素质和执业水平，以适应开展工程监理业务和工程监理事业发展的需要。

（2）继续教育方式和内容

继续教育方式有两种：集中面授和网络教学。继续教育内容分为必修课和选修课。

① 必修课：国家近期颁布的与工程监理有关的法律法规、标准规范和政策；工程监理与工程项目管理的新理论、新方法；工程监理案例分析；注册监理工程师职业道德。

② 选修课：地方及行业近期颁布的与工程监理有关的法规、标准规范和政策；工程建设新技术、新材料、新设备及新工艺；专业工程监理案例分析；需要补充的其他与工程监理业务有关的知识。

（3）继续教育监督管理

中国建设监理协会在建设部的监督指导下负责组织开展全国注册监理工程师继续教育工作，各专业监理协会负责本专业注册监理工程师继续教育相关工作，地方监理协会在当地建设行政主管部门的监督指导下，负责本行政区域内注册监理工程师继续教育的相关工作。

2.4　监理工程师的法律地位和责任

2.4.1　监理工程师的法律地位

监理工程师的主要业务是受聘于工程监理企业从事监理工作，受建设单位委托，代表工程监理企业完成委托监理合同约定的委托事项。因此，监理工程师的法律地位主要表现为受托人的权利和义务。一般享有下列权利：

（1）使用注册监理工程师称谓。

（2）在规定范围内从事执业活动。

（3）依据本人能力从事相应的执业活动。

（4）保管和使用本人的注册证书和执业印章。

（5）对本人执业活动进行解释和辩护。

（6）接受继续教育。

（7）获得相应的劳动报酬。

（8）对侵犯本人权利的行为进行申诉。

监理工程师必须履行的义务，主要有：

（1）遵守法律、法规和有关管理规定。

（2）履行管理职责，执行技术标准、规范和规程。

（3）保证执业活动成果的质量，并承担相应责任。

（4）接受继续教育，努力提高执业水准。

（5）在本人执业活动所形成的工程监理文件上签字，加盖执业印章。

（6）保守在执业中知悉的国家秘密和他人的商业、技术秘密。

（7）不得涂改、倒卖、出租、出借或者以其他形式非法转让注册证书或者执业印章。

（8）不得同时在两个或者两个以上单位受聘或者执业。

（9）在规定的执业范围和聘用单位业务范围内从事执业活动。

（10）协助注册管理机构完成相关工作。

2.4.2　监理工程师的法律责任

监理工程师的法律责任与其法律地位密切相关，同样是建立在法律法规和委托监理合同的基础上。因而，监理工程师法律责任的表现行为主要有三个方面：一是违反法律法规的行为；二是违反合同约定的行为；三是承担安全责任。

1）违法行为

现行法律法规对监理工程师的法律责任专门做出了具体规定。例如，《建筑法》第三十五条规定："工程监理单位不按照委托监理合同的约定履行监理义务，对应当监督检查的项目不检查或者不按照规定检查，给建设单位造成损失的，应当承担相应的赔偿责任。"

《中华人民共和国刑法》第一百三十七条规定："建设单位、设计单位、施工单位、工程监理单位违反国家规定，降低工程质量标准，造成重大安全事故的，对直接责任人员，处五年以下有期徒刑或者拘役，并处罚金；后果特别严重的，处五年以上十年以下有期徒刑，并处罚金。"

《建设工程质量管理条例》第三十六条规定："工程监理单位应当依照法律、法规以及有关技术标准、设计文件和建设工程承包合同，代表建设单位对施工质量实施监理并对施工质量承担监理责任。"

这些规定能够有效地规范、指导监理工程师的执业行为，提高监理工程师的法律责任意识，引导监理工程师公正守法地开展监理业务。

2）违约行为

监理工程师一般主要受聘于工程监理企业，从事工程监理业务。工程监理企业是订立委托监理合同的当事人，是法定意义的合同主体，但委托监理合同在具体履行时，是由监理工程师代表监理企业来实现的。因此，如果监理工程师出现工作过失，违反了合同约定，其行为将被视为监理企业违约，由监理企业承担相应的违约责任。当然，监理企业在承担违约赔偿责任后，有权在企业内部向有过失行为的监理工程师追偿部分损失。所以，由监理工程师个人过失引发的合同违约行为，监理工程师应当与监理企业承担一定的连带责任。其连带责任的基础是监理企业与监理工程师签订的聘用协议或责任保证书，或监理企业法定代表人对监理工程师签发的授权委托书。一般来说，授权委托书应包含职权范围和相应的责任条款。

3）承担安全责任

安全生产责任是法律责任的一部分，其来源于法律法规和委托监理合同。除了上面提到的《刑法》中的有关规定外，《建设工程安全生产管理条例》第14条还规定："工程监理单位和监理工程师应当按照法律、法规和工程建设强制性标准实施监理，并对建设工程安全生产承担监理责任。"

导致工程安全事故或问题的原因很多,有自然灾害、不可抗力等客观原因,也有建设单位、设计单位、施工企业、材料供应单位等主观原因。

如果监理工程师有下列行为之一,则要承担一定的监理责任:

(1) 未对施工组织设计中的安全技术措施或者专项施工方案进行审查。

(2) 发现安全事故隐患未及时要求施工单位整改或者暂时停止施工。

(3) 施工单位拒不整改或者不停止施工,未及时向有关主管部门报告。

(4) 未依照法律、法规和工程建设强制性标准实施监理。

如果监理工程师有下列行为之一,则应当与质量、安全事故责任主体承担连带责任:

(1) 违章指挥或者发出错误指令,引发安全事故的。

(2) 将不合格的建设工程、建筑材料、建筑构配件和设备按照合格签字,造成工程质量事故,由此引发安全事故的。

(3) 与建设单位或施工企业串通,弄虚作假,降低工程质量,从而引发安全事故的。

2.4.3 监理工程师违规行为的处罚

监理工程师在执业过程中必须严格遵纪守法。政府建设行政主管部门对于监理工程师的违法、违规行为将追究其责任,并根据不同情节给予必要的行政处罚。监理工程师的违规行为及相应的处罚办法,一般包括以下几个方面:

(1) 对于未取得《监理工程师执业资格证书》、《监理工程师注册证书》和执业印章,以监理工程师名义执行业务的人员,政府建设行政主管部门将予以取缔,并处以罚款;有违法所得的,予以没收。

(2) 对于以欺骗手段取得《监理工程师执业资格证书》、《监理工程师注册证书》和执业印章的人员,政府建设行政主管部门将吊销其证书,收回执业印章,并处以罚款;情节严重的,三年之内不允许考试及注册。

(3) 如果监理工程师出借《监理工程师执业资格证书》、《监理工程师注册证书》和执业印章,情节严重的,将被吊销证书,收回执业印章,三年之内不允许考试和注册。

(4) 监理工程师注册内容发生变更,未按照规定办理变更手续的,将被责令改正,并可能受到罚款的处罚。

(5) 同时受聘于两个及以上单位执业的,将被注销其《监理工程师注册证书》,收回执业印章,并将受到罚款处理;有违法所得的,将被没收。

(6) 对于监理工程师在执业中出现的行为过失,产生不良后果的,《建设工程质量管理条例》有明确规定:监理工程师因过错造成质量事故的,责令停止执业一年;造成重大质量事故的,吊销执业资格证书,五年内不予注册;情节特别恶劣的,终身不予注册。

(7) 对监理工程师在安全生产监理工作中出现的行为过失,《建设工程安全生产管理条例》中明确规定:未执行法律、法规和工程建设强制性标准的,责令停止执业三个月以上一年以下;情节严重的,吊销执业资格证书,五年内不予注册;造成重大安全事故的,终身不予注册;构成犯罪的,依据刑法有关规定追究刑事责任。

复习思考题

1. 简述监理工程师概念及其应该具备的素质要求。
2. 简述我国监理工程师应具备的职业道德。
3. 简述我国监理工程师注册的内容。
4. 简述我国监理工程师的法律责任。

3 建设工程监理企业

本章提要：本章主要介绍了监理企业的概念和组织形式；监理企业的资质等级、业务范围、申请、审批与管理；监理企业的经营管理。

3.1 工程监理企业的概念

3.1.1 工程监理企业的概念

工程监理企业是指具有法人资格，取得监理企业资质证书和营业执照，依法从事建设工程监理工作的监理公司、监理事务所等，也包括具有法人资格的企业下设的专门从事建设工程监理的二级机构。

工程监理企业是建筑市场的主体之一。一个发育完善的市场，不仅要有具备法人资格的交易双方，而且要有协调交易双方、为交易双方服务的"第三方"，工程监理企业就是第三方，它在建筑建设市场中发挥着重要的作用。

3.1.2 工程监理企业的组织形式

按照我国现行法律法规的规定，我国的工程监理企业有可能存在的企业组织形式包括公司制监理企业、合伙监理企业、个人独资监理企业、中外合资经营监理企业和中外合作经营监理企业。以下简要介绍公司制监理企业、中外合资经营监理企业和中外合作经营监理企业。

1) 公司制监理企业

(1) 监理有限责任公司

监理有限责任公司，是指由 2 个以上、50 个以下的股东共同出资，股东以其所认缴的出资额对公司行为承担有限责任，公司以其全部资产对其债务承担责任的企业法人。

(2) 监理股份有限公司

监理股份有限公司是指全部资本由等额股份构成，并通过发行股票筹集资本，股东以其所认购股份对公司承担责任，公司以其全部资产对公司债务承担责任的企业法人。

2) 中外合资经营监理企业

中外合资经营监理企业是指以中国的企业或其他的经济组织为一方，以外国的公司、企业、其他经济组织或个人为另一方，在平等互利的基础上，根据《中华人民共和国中外合资经营企业法》，签订合同，制订章程，经中国政府批准，在中国境内共同投资、共同经营、共同管理、共同分享利润、共同承担风险，主要从事工程监理业务的监理企业。其组织形式为有限责任公司。在合营企业的注册资本中，外国合营者的投资比例一般不得低于 25%。

3）中外合作经营监理企业

中外合作经营监理企业是指中国的企业或其他经济组织同外国的企业、其他经济组织或者个人，按照平等互利的原则和我国的法律规定，用合同约定双方的权利义务，在中国境内共同举办的、主要从事工程监理业务的经济实体。

3.1.3　我国工程监理企业管理体制和经营体制的改革

一些由国企集团或教学、科研、勘察设计单位按照传统的国企模式设立的工程监理企业，由于具有国有企业的特点，普遍存在着产权关系不清晰、管理体制不健全、经营机制不灵活、分配制度不合理、职工积极性不高、市场竞争力不强的现象，企业缺乏自主经营、自负盈亏、自我约束、自我发展的能力，这必将阻碍监理企业和监理行业的发展。因此，国有工程监理企业管理体制和经营机制改革是必然的发展趋势。

改制的监理企业应建立与现代企业制度相适应的劳动、人事管理和收入分配制度，在坚持按劳分配原则的基础上，应适当实行按生产要素分配。生产要素包括资本、技术、管理等。技术参与要素分配可采取技术入股法，先做技术评估、定价折股，进入企业股本，最多可占企业总股本的 35%。管理参与要素分配可采取期权制入股，根据经营管理的业绩按一定比例提取股份。

3.2　工程监理企业的资质等级和业务范围

3.2.1　工程监理企业的资质

工程监理企业资质是企业技术能力、管理水平、业务经验、经营规模、社会信誉等综合性实力指标。工程监理企业应按照所拥有的注册资本、专业技术人员数量和工程监理业绩等资质条件申请资质，经审查合格，取得相应等级的资质证书后，才能在其资质等级许可的范围内从事工程监理活动。对工程监理企业进行资质管理的制度是我国政府实行市场准入控制的有效手段。

3.2.2　工程监理企业的资质等级

工程监理企业资质分为综合资质、专业资质和事务所资质。综合资质、事务所资质不分级别。专业资质分为甲级、乙级，房屋建筑、水利水电、公路和市政公用专业资质可设立丙级。

甲级、乙级和丙级，按照工程性质和技术特点分为 14 个专业工程类别，每个专业工程类别按照工程规模或技术复杂程度又分为三个等级。

工程监理企业的资质等级标准如下：

1）综合资质标准

（1）具有独立法人资格且注册资本不少于 600 万元。

（2）企业技术负责人应为注册监理工程师，并具有 15 年以上从事工程建设工作的经历或者具有工程类高级职称。

（3）具有 5 个以上工程类别的专业甲级工程监理资质。

（4）注册监理工程师不少于 60 人，注册造价工程师不少于 5 人，一级注册建造师、一级注册建筑师、一级注册结构工程师或者其他勘察设计注册工程师合计不少于 15 人次。

（5）企业具有完善的组织结构和质量管理体系，有健全的技术、档案等管理制度。

（6）企业具有必要的工程试验检测设备。

（7）申请工程监理资质之日前一年内没有资质审批中规定禁止的行为。

（8）申请工程监理资质之日前一年内没有因本企业监理责任造成重大质量事故。

（9）申请工程监理资质之日前一年内没有因本企业监理责任发生三级以上工程建设重大安全事故或者发生两起以上四级工程建设安全事故。

2）专业资质标准

（1）甲级

① 具有独立法人资格且注册资本不少于 300 万元。

② 企业技术负责人应为注册监理工程师，并具有 15 年以上从事工程建设工作的经历或者具有工程类高级职称。

③ 注册监理工程师、注册造价工程师、一级注册建造师、一级注册建筑师、一级注册结构工程师或者其他勘察设计注册工程师合计不少于 25 人次。其中，相应专业注册监理工程师不少于《专业资质注册监理工程师人数配备表》（表 3-1）中要求配备的人数，注册造价工程师不少于 2 人。

表 3-1 专业资质注册监理工程师人数配备表 （单位：人）

序号	工程类别	甲级	乙级	丙级
1	房屋建筑工程	15	10	5
2	冶炼工程	15	10	
3	矿山工程	20	12	
4	化工石油工程	15	10	
5	水利水电工程	20	12	5
6	电力工程	15	10	
7	农林工程	15	10	
8	铁路工程	23	14	
9	公路工程	20	12	5
10	港口与航道工程	20	12	
11	航天航空工程	20	12	
12	通信工程	20	12	
13	市政公用工程	15	10	5
14	机电安装工程	15	10	

注：表中各专业资质注册监理工程师人数配备是指企业取得本专业工程类别注册的注册监理工程师人数。

④ 企业近两年内独立监理过三个以上相应专业的二级工程项目，但是，具有甲级设计资质或一级及以上施工总承包资质的企业申请本专业工程类别甲级资质的除外。

⑤ 企业具有完善的组织结构和质量管理体系，有健全的技术、档案等管理制度。

⑥ 企业具有必要的工程试验检测设备。

⑦ 申请工程监理资质之日前一年内没有资质审批中规定禁止的行为。

⑧ 申请工程监理资质之日前一年内没有因本企业监理责任造成重大质量事故。

⑨ 申请工程监理资质之日前一年内没有因本企业监理责任发生三级以上工程建设重大安全事故或者发生两起以上四级工程建设安全事故。

（2）乙级

① 具有独立法人资格且注册资本不少于 100 万元。

② 企业技术负责人应为注册监理工程师，并具有 10 年以上从事工程建设工作的经历。

③ 注册监理工程师、注册造价工程师、一级注册建造师、一级注册建筑师、一级注册结构工程师或者其他勘察设计注册工程师合计不少于 15 人次。其中，相应专业注册监理工程师不少于《专业资质注册监理工程师人数配备表》（表 3-1）中要求配备的人数，注册造价工程师不少于 1 人。

④ 有较完善的组织结构和质量管理体系，有技术、档案等管理制度。

⑤ 有必要的工程试验检测设备。

⑥ 申请工程监理资质之日前一年内没有资质审批中规定禁止的行为。

⑦ 申请工程监理资质之日前一年内没有因本企业监理责任造成重大质量事故。

⑧ 申请工程监理资质之日前一年内没有因本企业监理责任发生三级以上工程建设重大安全事故或者发生两起以上四级工程建设安全事故。

（3）丙级

① 具有独立法人资格且注册资本不少于 50 万元。

② 企业技术负责人应为注册监理工程师，并具有 8 年以上从事工程建设工作的经历。

③ 相应专业的注册监理工程师不少于《专业资质注册监理工程师人数配备表》（表 3-1）中要求配备的人数。

④ 有必要的质量管理体系和规章制度。

⑤ 有必要的工程试验检测设备。

3）事务所资质标准

（1）取得合伙企业营业执照，具有书面合作协议书。

（2）合伙人中有三名以上注册监理工程师，合伙人均有五年以上从事建设工程监理的工作经历。

（3）有固定的工作场所。

（4）有必要的质量管理体系和规章制度。

（5）有必要的工程试验检测设备。

3.2.3 监理企业的业务范围

1）综合资质
可以承担所有专业工程类别建设工程项目的工程监理业务。

2）专业资质

（1）专业甲级资质，可承担相应专业工程类别建设工程项目的工程监理业务。

（2）专业乙级资质，可承担相应专业工程类别二级以下（含二级）建设工程项目的工程监理业务。

（3）专业丙级资质，可承担相应专业工程类别三级建设工程项目的工程监理业务。

3）事务所资质

可承担三级建设工程项目的工程监理业务，但是，国家规定必须实行监理的工程除外。

此外，工程监理企业还可以根据市场需求，开展相应类别建设工程的项目管理、技术咨询等业务。

4）开展监理业务

国内工程监理企业获得《工程监理企业资质证书》、《营业执照》和《税务登记》等证件后，即可从事工程项目建设监理业务。此外，工程监理企业都可以开展相应类别建设工程的项目管理、技术咨询等业务。不同资质等级的工程监理企业业务经营范围均不受国内地域限制。

3.3 工程监理企业的资质申请和审批

3.3.1 工程监理企业的资质申请

按照《工程建设监理企业资质管理规定》，新设立的工程监理企业和具有工程监理企业资质的企业申请主要有以下工作程序：

新设立的工程监理企业申请资质，应先到工商管理部门登记注册，取得企业法人营业执照，并办理完相应的执业人员注册手续后，才能到企业工商注册所在地的县级以上地方人民政府建设主管部门办理有关资质申请手续。但申请综合资质、专业甲级资质的，应当向企业工商注册所在地的省、自治区、直辖市人民政府建设主管部门提出申请。

（1）申请工程监理企业资质，应当提交的材料

① 工程监理企业资质申请表（一式三份）及相应电子文档。

② 企业法人、合伙企业营业执照。

③ 企业章程或合伙人协议。

④ 企业法定代表人、企业负责人和技术负责人的身份证明、工作简历及任命（聘用）文件。

⑤ 工程监理企业资质申请表中所列注册监理工程师以及其他注册执业人员的注册执业证书。

⑥ 有关企业质量管理体系、技术和档案等管理制度的证明材料。

⑦ 有关工程试验检测设备的证明材料。

如已取得专业资质的企业申请晋升专业资质等级或者取得专业甲级资质的企业申请综合资质的，除以上规定的材料外，还应当提交企业原工程监理企业资质证书正、副本复印件，企业《监理业务手册》及近两年已完成代表工程的监理合同、监理规划、工程竣工验收报告及

监理工作总结。

（2）续期申请

资质有效期届满，工程监理企业需要继续从事工程监理活动的，应当在资质证书有效期届满 60 日前，向原资质许可机关申请办理延续手续。

（3）变更申请

工程监理企业在资质证书有效期内名称、地址、注册资本、法定代表人等发生变更的，应当在工商行政管理部门办理变更手续后 30 日内办理资质证书变更手续。申请资质证书变更，应当提交以下材料：

① 资质证书变更的申请报告。

② 企业法人营业执照副本原件。

③ 工程监理企业资质证书正、副本原件。

如工程监理企业改制的，除上述规定材料外，还应当提交企业职工代表大会或股东大会关于企业改制或股权变更的决议、企业上级主管部门关于企业申请改制的批复文件。

（4）企业增补资质证书的申请

企业需增补工程监理企业资质证书的（含增加、更换、遗失补办），应当持资质证书增补申请及电子文档等材料向原资质许可机关申请办理。遗失资质证书的，在申请补办前应当在公众媒体刊登遗失声明。

3.3.2 工程监理企业资质的审批

依据我国相关规定对工程监理企业提出的资质进行审批，审批通过后给企业发放由国务院建设主管部门统一印制的工程监理企业资质证书。工程监理企业资质证书分为正本和副本，每套资质证书包括一本正本，四本副本。正、副本具有同等法律效力。工程监理企业资质证书的有效期为五年。

1）资质审批

（1）综合资质、专业甲级资质，应当由企业所在地省、自治区、直辖市人民政府建设主管部门自受理申请之日起 20 日内初审完毕，并将初审意见和申请材料报国务院建设主管部门。国务院建设主管部门应当自省、自治区、直辖市人民政府建设主管部门受理申请材料之日起 60 日内完成审查，公示审查意见，公示时间为 10 日。其中，涉及铁路、交通、水利、通信、民航等专业工程监理资质的，国务院有关部门初审，国务院建设主管部门根据初审意见审批。

（2）专业乙级、丙级资质和事务所资质由企业所在地省、自治区、直辖市人民政府建设主管部门审批。省、自治区、直辖市人民政府建设主管部门应当自作出决定之日起 10 日内，将准予资质许可的决定报国务院建设主管部门备案。

2）资质续期审批

对在资质有效期内遵守有关法律、法规、规章、技术标准，信用档案中无不良记录，且专业技术人员满足资质标准要求的企业，经原资质许可机关同意，有效期延续五年。其中专业乙级、丙级资质和事务所资质延续的实施程序由省、自治区、直辖市人民政府建设主管部门依法确定，自作出决定之日起 10 日内，将准予资质许可的决定报国务院建设主管部门备案。

3）资质变更审批

（1）涉及综合资质、专业甲级资质证书中企业名称变更的,由国务院建设主管部门负责办理,并自受理申请之日起 3 日内办理变更手续。

（2）第一条规定以外的资质证书变更手续,由省、自治区、直辖市人民政府建设主管部门负责办理。省、自治区、直辖市人民政府建设主管部门应当自受理申请之日起 3 日内办理变更手续,并在办理资质证书变更手续后 15 日内将变更结果报国务院建设主管部门备案。

4）工程监理企业合并和分立的审批

（1）工程监理企业合并的,合并后存续或者新设立的工程监理企业可以承继合并前各方中较高的资质等级,但应当符合相应的资质等级条件。

（2）工程监理企业分立的,分立后企业的资质等级根据实际达到的资质条件按照前述资质审批的程序核定。

5）企业增补资质证书的审批

资质许可机关收到企业需增补工程监理企业资质证书的(含增加、更换、遗失补办)申请后,应当自受理申请之日起 3 日内予以办理。

6）严禁行为

工程监理企业在资质申请中有以下严禁行为的,申请资质不予审批:

（1）与建设单位串通投标或者与其他工程监理企业串通投标,以行贿手段谋取中标。

（2）与建设单位或者施工单位串通弄虚作假,降低工程质量。

（3）将不合格的建设工程、建筑材料、建筑构配件和设备按照合格签字。

（4）超越本企业资质等级或以其他企业名义承揽监理业务。

（5）允许其他单位或个人以本企业的名义承揽工程。

（6）将承揽的监理业务转包。

（7）在监理过程中实施商业贿赂。

（8）涂改、伪造、出借、转让工程监理企业资质证书。

（9）其他违反法律法规的行为。

3.4 工程监理企业的资质管理

3.4.1 工程监理企业资质管理机构及职责

根据我国现阶段管理体制,工程监理企业的资质管理原则是"分级管理,统分结合",按中央和地方两个层次进行管理。

（1）国务院建设行政主管部门负责全国工程监理企业资质的统一管理工作。涉及铁道、交通、水利、信息产业、民航等专业工程监理资质的,由国务院铁道、交通、水利、信息产业、民航等有关部门配合国务院建设行政主管部门实施资质管理工作。

（2）省、自治区、直辖市人民政府建设行政主管部门负责本行政区域内工程监理企业资质统一管理工作,省、自治区、直辖市人民政府交通、水利通信等有关部门配合同级建设行政主管部门实施相关资质类别工程监理企业资质的管理工作。

3.4.2 工程监理企业资质管理的主要内容

1) 资质审批实行公示公告制度

资质初审工作完成后,初审结果先在中国工程建设信息网上公示。经公示后,对于工程监理企业符合资质标准的予以审批,并将审批结果在中国工程建设信息网上公告。实行这一制度的目的是提高资质审批工作的透明度,便于社会监督,从而增强其公正性。

2) 监督检查

县级以上人民政府建设主管部门履行监督检查职责。在进行监督检查时,应当有两名以上监督检查人员参加,并出示执法证件,不得妨碍被检查单位的正常经营活动;有关单位和个人对依法进行的监督检查应当协助与配合,不得拒绝或者阻挠。检查中,监督检查机关有权采取下列措施,并应当将监督检查的处理结果向社会公布:

(1) 要求被检查单位提供工程监理企业资质证书、注册监理工程师注册执业证书,有关工程监理业务的文档,有关质量管理、安全生产管理、档案管理等企业内部管理制度的文件。

(2) 进入被检查单位进行检查,查阅相关资料。

(3) 纠正违反有关法律、法规和本规定及有关规范和标准的行为。

如发现工程监理企业违法从事工程监理活动的,应当依法查处,并将违法事实、处理结果或处理建议及时报告该工程监理企业资质的许可机关。

3) 资质的撤回

工程监理企业取得工程监理企业资质后不再符合相应资质条件的,资质许可机关根据利害关系人的请求或者依据职权,可以责令其限期改正;逾期不改的,可以撤回其资质。

4) 资质的撤销

有下列情形之一的,资质许可机关或者其上级机关,根据利害关系人的请求或者依据职权,可以撤销工程监理企业资质:

(1) 资质许可机关工作人员滥用职权、玩忽职守作出准予工程监理企业资质许可的。

(2) 超越法定职权作出准予工程监理企业资质许可的。

(3) 违反资质审批程序作出准予工程监理企业资质许可的。

(4) 对不符合许可条件的申请人作出准予工程监理企业资质许可的。

(5) 依法可以撤销资质证书的其他情形。

(6) 以欺骗、贿赂等不正当手段取得工程监理企业资质证书的,应当予以撤销。

5) 资质的注销

有下列情形之一的,工程监理企业应当及时向资质许可机关提出注销资质的申请,交回资质证书,国务院建设主管部门应当办理注销手续,公告其资质证书作废:

(1) 资质证书有效期届满,未依法申请延续的。

(2) 工程监理企业依法终止的。

(3) 工程监理企业资质依法被撤销、撤回或吊销的。

(4) 法律、法规规定的应当注销资质的其他情形,如工程监理企业破产、倒闭、撤销、歇业等。

6) 违规处理

工程监理企业必须依法开展监理业务,全面履行委托监理合同约定的责任和义务。但

出现以下违规现象时,建设行政主管部门可以根据有关法律法规的规定以及情节严重程度给予必要的处罚:

(1) 以欺骗手段取得《工程监理企业资质证书》。

(2) 超越本企业资质等级承揽监理业务。

(3) 未取得《工程监理企业资质证书》而承揽监理业务。

(4) 转让监理业务。转让监理业务是指监理企业不履行委托监理合同约定的责任和义务,将所承担的监理业务全部转给其他监理企业,或者将其肢解以后分别转给其他监理企业的行为。国家有关法律法规明令禁止转让监理业务的行为。

(5) 挂靠监理业务。挂靠监理业务是指监理企业允许其他单位或者个人以本企业名义承揽监理业务。

(6) 与建设单位或者施工单位串通、弄虚作假、降低工程质量。

(7) 将不合格的建设工程、建筑材料、建筑构配件和设备按照合格签字。

(8) 工程监理企业与被监理工程的施工承包单位以及建筑材料、建筑构配件和设备供应单位有隶属关系或者其他利害关系,并承担该项建设工程的监理业务。

3.4.3 构建工程监理企业信用档案

各资质许可机关为工程监理企业建立信用档案,并按照有关规定向社会公示,公众有权查阅。

(1) 工程监理企业应当按照有关规定,向资质许可机关提供真实、准确、完整的工程监理企业的信用档案信息。

(2) 工程监理企业的信用档案应当包括基本情况、业绩、工程质量和安全、合同违约等情况。

(3) 被投诉举报和处理、行政处罚等情况应当作为不良行为记入其信用档案。

3.5 工程监理企业的经营管理

3.5.1 工程监理企业的经营活动准则

工程监理企业从事建设工程监理活动,应当遵循"守法、诚信、公正、科学"的准则。

1) 守法

守法,即遵守国家的法律法规。对于工程监理企业来说,守法就是要依法经营,主要体现在:

(1) 工程监理企业只能在核定的业务范围内开展经营活动。工程监理企业的业务范围,是指填写在资质证书中,经工程监理资质管理部门审查确认的主项资质和增项资质。核定的业务范围包括两方面:一是监理业务的工程类别;二是承接监理工程的等级。

(2) 工程监理企业不得伪造、涂改、出租、出借、转让、出卖《工程监理企业资质证书》。

(3) 建设工程监理合同一经双方签订即具有法律约束力,工程监理企业应按照合同的约定认真履行,不得无故或故意违背自己的承诺。

（4）工程监理企业离开原住所地承接监理业务，要自觉遵守当地人民政府颁发的监理法规和有关规定，主动向监理工程所在地的省、自治区、直辖市建设行政主管部门备案登记，接受其指导和监督管理。

（5）遵守国家关于企业法人的其他法律、法规的规定。

2）诚信

诚信，即诚实守信用，这是道德规范在市场经济中的体现。它要求一切市场参加者在不损害他人利益和社会公共利益的前提下追求自己的利益，目的是在当事人之间的利益关系和当事人与社会之间的利益关系中实现平衡，并维护市场道德秩序。诚信原则的主要作用在于指导当事人以善意的心态、诚信的态度行使民事权利，承担民事义务，正确地从事民事活动。

加强企业信用管理，提高企业信用水平，是完善我国工程监理制度的重要保证。企业信用的实质是解决经济活动中经济主体之间的利益关系，它是企业经营理念、经营责任和经营文化的集中体现。信用是企业的一种无形资产，良好的信用能为企业带来巨大效益。我国是世贸组织的成员，信用将成为我国企业走出去，进入国际市场的"身份证"，它是能给企业带来长期经济效益的特殊资本。工程监理企业应当树立良好的信用意识，使企业成为讲道德、讲信用的市场主体。

工程监理单位应当建立健全企业的信用管理制度。信用管理制度主要有：

（1）建立健全合同管理制度。

（2）建立健全与业主的合作制度，及时进行信息沟通，增强相互间的信任感。

（3）建立健全监理服务需求调查制度，这也是企业进行有效竞争和防范经营风险的重要手段之一。

（4）建立企业内部信用管理责任制度，及时检查和评估企业信用的实施情况，不断提高企业信用管理水平。

3）公正

公正，是指工程监理企业在监理活动中既要维护业主的利益，又不能损害承包商的合法利益，并依据合同公平合理地处理业主与承包商之间的争议。

工程监理企业要做到公正，必须做到以下几点：

（1）要具有良好的职业道德。

（2）要坚持实事求是。

（3）要熟悉有关建设工程合同条款。

（4）要提高专业技术能力。

（5）要提高综合分析判断问题的能力。

4）科学

科学，是指工程监理企业要依据科学的方案、运用科学的手段、采取科学的方法开展监理工作。工程监理工作结束后，还要进行科学的总结。实施科学化管理主要体现在：

（1）科学的方案

工程监理的方案主要是指监理规划。其内容包括：工程监理的组织计划；监理工作的程序；各专业、各阶段监理工作内容；工程的关键部位或可能出现的重大问题的监理措施等等。在实施监理前，要尽可能准确地预测出各种可能的问题，有针对性地拟定解决办法，制定出切实可行、行之有效的监理实施细则,使各项监理活动都纳入计划管理的轨道。

(2)科学的手段

实施工程监理必须借助于先进的科学仪器才能做好监理工作,如各种检测、试验、化验仪器、摄录像设备及计算机等。

(3)科学的方法

监理工作的科学方法主要体现在监理人员在掌握大量的、确凿的有关监理对象及其外部环境实际情况的基础上,适时、妥帖、高效地处理有关问题,解决问题要用事实说话、用书面文字说话、用数据说话;要开发、利用计算机软件辅助工程监理。

3.5.2 加强企业管理

强化企业管理,提高科学管理水平,是建立现代企业制度的要求,同时也是监理企业提高自身竞争能力的重要途径。监理企业管理应抓好成本管理、资金管理、质量管理,增强法治意识,依法经营管理。

1)基本管理措施

重点要做好以下几方面工作:

(1)市场定位。要加强自身发展战略要求,适应市场,根据本企业实际情况,合理确定企业的市场地位,制定和实施明确的发展战略、技术创新战略,并根据市场变化适时调整。

(2)管理方法现代化。要广泛采用现代管理技术、方法和手段,推广先进企业的管理经验,借鉴国外企业现代管理方法。

(3)建立市场信息系统。要加强现代信息技术的运用,建立灵敏、准确的市场信息系统,掌握市场动态。

(4)开展贯标活动。要积极实行 ISO 9000 质量管理体系贯标认证工作,严格按照质量手册和程序文件的要求开展各项工作,防止贯标认证工作流于形式。贯标的作用:一是能够提高企业市场竞争能力;二是能够提高企业人员素质;三是能够规范企业各项工作;四是能够避免或减少工作失误。

(5)严格贯彻实施《建设工程监理规范》。要结合企业的实际情况制定相应的实施细则,组织全员学习,在签订委托监理合同、实施监理工作、检查考核监理业绩、制定企业规章制度等各个环节,都应当以《建设工程监理规范》为主要依据。

2)建立健全各项内部管理规章制度

监理企业规章制度一般包括以下几个方面:

(1)组织管理制度。合理设置企业内部机构和各机构职能,建立严格的岗位责任制度,加强考核和督促制度,有效配置企业资源,提高企业工作效率,健全企业内部监督体系,完善约束机制。

(2)财务管理制度。加强资产管理、财务计划管理、投资管理、资金管理、财务审计管理等。要及时编制资产负债表、损益表和现金流量表,真实反映企业经营状况,改进和加强经济核算。

(3)劳动合同管理制度。推行职工全员竞争上岗,严格劳动纪律,严明奖惩,充分调动和发挥职工的积极性、创造性。

(4)人事管理制度。健全工资分配、奖励制度,完善激励制度,加强对员工的业务素质培养和职业道德教育。

（5）经营管理制度。制定企业的经营规划、市场开发计划。

（6）项目监理机构管理制度。制定项目监理机构的运行办法、各项监理工作的标准及检查评定方法等。

（7）设备管理制度。制定设备的购置办法、设备的使用、保养规定等。

（8）科技管理制度。制定科技开发规划、科技成果评审办法、科技成果应用推广办法等。

（9）档案文书管理制度。制定档案的整理和保管制度以及文件和资料的使用、归档管理办法等。

（10）有条件的监理单位还要注重风险管理，实行监理责任保险制度，适当转移责任风险。

3.5.3 市场开发

1）取得监理业务的基本方式

工程监理单位承揽监理业务的表现形式有两种：一是通过投标竞争取得监理业务；二是由业主直接委托取得监理业务。通过投标取得监理业务，是市场经济体制下比较普遍的形式。我国《招标投标法》明确规定，关系公共利益安全、政府投资、外资工程等实行监理必须招标。在不宜公开招标的机密工程或没有投标竞争对手的情况下，或者是工程规模比较小、监理业务比较单一，或者对原工程监理企业的续用等情况下，业主也可以直接委托工程监理企业。

2）工程监理企业投标书的核心

工程监理企业投标书的核心是反映管理服务水平高低的监理大纲，尤其是主要的监理对策。业主在监理招标时应以监理大纲的水平作为评定投标书优劣的重要内容，而不应把监理费的高低当作选择工程监理企业的主要评定标准。作为工程监理单位，不应该以降低监理费作为竞争的主要手段。

一般情况下，监理大纲中主要的监理对策是指：根据监理招标文件的要求，针对业主委托监理工程的特点，初步拟订的该工程监理工作的指导思想，主要的管理措施、技术措施，拟投入的监理力量，以及为搞好该项工程建设而向业主提出的原则性的建议等。

3）工程监理费

（1）工程监理费的构成

建设工程监理费是指业主依据委托监理合同支付给监理企业的监理酬金。它是构成工程概（预）算的一部分，在工程概（预）算中单独列支。建设工程监理费由监理直接成本、监理间接成本、税金和利润四部分构成。

（2）工程监理费的计算方法

监理费的计算方法，一般由业主与工程监理单位确定，主要有以下几种计算方法：

① 按时计算法

根据委托监理合同约定的服务时间（计算时间单位可以是小时、工作日或月），按照单位时间监理服务费来计算监理费的总额。单位时间费用一般以监理人员基本工资为基础，再乘以管理费和利息增加系数。采用该法时，监理人员差旅费、函电费、资料费和试验费等通常由委托方支付。这种方法主要适用于临时性、短期的监理业务,或是不宜按工程概(预)算的百分比等其他方法计算监理费的监理业务。

② 按工资加一定比例其他费用计算法

这种方法是以项目监理机构监理人员的实际工作为基数乘上一个系数而计算出来的。这个系数包括了应有的间接成本、利润和税金。除了监理人员的工作外,其他各项直接费用等均由业主另行支付。一般情况下较少采用这种方法,尤其是在核定监理人员数量和监理人员的实际工资方面,业主与监理企业之间难以取得完全一致的意见。

③ 按建设投资的百分比计算法

根据工程规模的大小和所委托的监理工作的繁简,以建设工程投资的一定百分比来计算。这种方法比较简单,业主和工程监理企业均容易接受,也是国家制定监理取费标准的主要形式。

④ 按固定价格计算法

适用于中小型规模的工程,并且工作内容及范围较明确的项目,业主和监理经协商后确定的固定监理费,或监理企业在投标中以固定价格报价并中标而形成的监理合同价格。当工作量有所增减时,一般也不调整监理费。

复习思考题

1. 我国建设工程监理企业的组织形式有哪些?
2. 简述建设工程监理企业的资质等级标准。
3. 简述建设工程监理企业的业务范围。
4. 简述建设工程监理企业资质申请的要求。
5. 简述建设工程监理企业资质管理的主要内容。
6. 简述建设工程监理企业经营活动的基本准则。
7. 简述建设工程监理费的构成。

4 建设工程监理的组织

本章提要：本章主要介绍了组织的基本原理；建设工程组织管理的基本模式；项目监理机构；项目监理机构的人员结构及基本职责。

4.1 组织的基本原理

组织是对某一特定人群的称谓，也是管理的一项重要职能。现代建设工程监理离不开人与人、人与组织、组织与组织之间的合作，要达到建设工程监理的预期目的，就必须建立精干、高效的项目监理组织机构，并使之正常运行，这是实现建设工程监理目标的前提条件。

4.1.1 组织及组织结构

1）组织

"组织"一词既具有名词的含义，又有动词的含义。作为名词，组织是指由两个或两个以上的个人为了实现共同的目标而结合起来协调行动的有机整体；作为动词，组织是指为了实现某种特定目标而进行的领导、管理、动员、发动、协调等的运作方式。结合上述情况，所谓组织，就是为了达到某些特定的目标，经由分工与合作及不同层次的权力和责任制度，并进行活动与运作的人的集合体。它包含三层意思：①目标——组织存在的前提；②协作性——分工与协作是组织活动方式；③制度性——不同层次的权力和责任制度是实现组织活动和组织目标的要件。

2）组织结构

组织内部构成和各组成部分之间所确立的较为稳定的相互关系和联系方式，称为组织结构。

组织结构的基本内涵：①确定正式关系与职责的形式；②向组织各个部门或个人分配任务和各种活动的方式；③协调各个独立活动和任务的方式；④组织中权力、地位和等级关系。

3）组织的特点

（1）不可替代性。其他要素可以相互替代，如增加机器设备可以替代劳动力，而组织不能替代其他要素，也不能被其他要素所替代。

（2）增效性。组织可以将其他要素进行合理配合而增值，即可以提高其他要素的使用效益。

（3）系统性。组织是由一定的组织结构和要素组成的体系。任何组织都是由许多要素、部分、成员，按照一定的连接形式排列组合而成的。一个组织除了有形的物质要素外，在各构成部门之间实际上还存在着一些相对稳定的关系，即纵向的等级关系及其沟通关系，横向的分工协作关系及其沟通关系，这种关系构成了无形的构造——组织结构。

43

(4) 开放性。组织随着环境的变化而不断地发展和变化。

4.1.2 组织设计

组织设计就是对组织活动和组织结构的设计过程。它是管理者在系统中建立最有效相互关系的一种合理化的、有意识的过程;在该过程中既要考虑系统的外部要素,又要考虑系统的内部要素;组织设计的最终结果是形成组织结构。

1) 组织的构成因素

组织作为一个系统是由一系列相互依存、相互联系、相互制约的要素构成的,主要包括工作专门化、部门化、管理跨度和管理层次、集权与分权、正规化等要素。

(1) 工作专门化

20世纪初,亨利·福特(Henry Ford)通过建立汽车生产线而富甲天下,享誉全球。他的做法是:把工作分化成较小的、标准化的任务,给公司每一位员工分配特定的工作,使工人反复地进行同一种操作。福特的经验表明,让员工从事专门化的工作,他们的生产效率会提高。现在工作专门化主要是指把工作任务划分成若干步骤来完成的细化程度。

(2) 部门化

通过工作专门化完成任务细分之后,就需要按照类别对它们进行分组以协调其共同的工作。工作分类的基础是部门化,根据活动的职能对工作活动进行分类。这种职能分组法的主要优点在于把同类专家集中在一起能够提高工作效率。

(3) 管理跨度和管理层次

所谓管理跨度是指一个管理者可以有效地指导下属的人数。管理跨度的宽窄受很多因素的影响,它与管理人员性格、才能、个人精力、授权程度以及被管理者的素质有关,此外还与职能的难易程度、工作的相似程度、工作制度和程序等客观因素有关。

所谓管理层次是指从组织的最高管理者到最基层的实际工作人员之间的等级层次的数量。组织的管理层次可总括为三个层次,即决策层、协调层和执行层、操作层。组织必须形成必要的管理层次,如果组织缺乏足够的管理层次将使其运行陷入无序的状态;但管理层次也不宜过多,否则会造成资源和人力的浪费,也会使信息传递慢、指令走样、协调困难。

管理跨度和管理层次直接相关,在组织成员总数不变的情况下,管理跨度愈大,管理层次就愈少;管理跨度愈小,则管理层次愈多。管理跨度在很大程度上决定着组织要设置多少层次,配备多少管理人员。

(4) 集权与分权

在有些组织中,高层管理者制定所有的决策,低层管理人员只需执行高层管理者的指示;另一种极端情况是组织把决策权下放到最基层管理人员手中。前者是高度集权式的组织,而后者则是高度分权式的组织。

集权式组织与分权式组织在本质上是不同的。在分权式组织中,采取行动、解决问题的速度较快,更多的人为决策提供建议,所以,员工与那些能够影响他们的工作生活的决策者隔膜较少,或几乎没有。集权和分权是相对的,各有其优缺点,不能简单地归结为好和坏,要视组织的具体情况而定。任何组织都存在权力如何分配,即集权和分权的问题。

(5) 正规化

正规化是指组织中的工作实行标准化的程度。高度正规化的组织,有明确的工作说明书,对于工作过程有详尽的规定。而正规化程度较低的组织,工作执行者对自己工作的处理权限就比较宽。因此,工作标准化程度越高,成员决定自己工作方式的权力就越小。

2)组织设计的原则

现代组织的设置包括组织结构和组织运行制度两个方面内容。一般要遵循以下原则:

(1)目标原则

目标原则是指组织设置是选择存在,组织设置的目标就是选择组织的存在依据。组织设置必须紧紧围绕组织的生存和发展来进行,无论是组织局部的具体设置,还是组织整体框架的确定,都必须以实现组织目标作为基本原则。

(2)功能块整合原则

组织可以看作是由若干功能块构成的。功能块整合原则就是将组织的各个功能块整合成为一个有利于目标实现的有序结构。包含两层意思:一是组织的功能块并不是可以任意选择的,而且不是唯一的,它有一个选择范围,所以要分析、选择和确定功能块;二是要把功能块整合成一个有利于目标实现的有序结构,即功能的整合。

(3)自由度原则

自由度原则是指组织应使组织成员的功能发挥具有最大的自由度。功能发挥与功能整合是一个问题的两个方面,功能整合是使功能发挥趋向于目标,而只有功能的最大发挥才能使组织的目标尽快实现。功能整合是规范,规范性的活动使得组织达到目标;功能发挥是活动,按自由度原则要求,组织要为组织成员的能力发挥提供一个尽可能大的自由空间。

(4)稳定性与适应性相结合原则

组织的设置要具有一定的稳定性,包括目标以及目标制约下的功能块和自由度,都要在一定的时间内稳定不变,组织才有存在的必要性,才能发挥其应有的作用。同时也应看到,组织的发展不能脱离外部环境,组织总是处在与外部环境的互动中。也就是说,随着组织内外部环境和条件的变化,组织也要相应地发展和变化,即组织也要具有适应性,否则组织就会僵化和死亡。

(5)有效控制原则

对组织的有效控制是指在组织设置时组织内部要保持命令统一、权责对等;要制定规范、可行的政策和制度;要保持精干、高效、灵活、有序。

(6)系统原则

组织运作的整体效率是一个系统性过程,组织结构的设置要简化流程,保证信息畅通、决策迅速、部门协调;充分考虑交叉业务活动的统一协调;应对新情况、新问题避免管理真空;保持过程管理的整体性。

(7)效率原则

组织的意义就在于追求组织目标的实现,同时将付出的代价降低到最低点,效率原则是衡量任何组织结构的基础。组织如果能使人们(指有效能的人)以最小的失误或代价(它超出了人们通常以货币或小时等计量指标来衡量费用的含义)来实现目标,就是有效率的。

4.1.3 组织活动的基本原理

组织的目标必须通过组织机构活动来实现。组织活动应遵循如下基本原理:

1）要素有用性原理

组织机构中的基本要素包括人力、物力、财力、信息和时间。运用要素有用性原理，首先应看到要素在组织活动中的有用性。一切要素都是有作用的，这是要素的共性；然而要素也还有个性。因此，在组织活动中要充分地利用要素的优点和优势，合理安排使用，尽最大可能提高其有用率。在这些要素中人是决定要素，应坚持以人为本的管理原则。

2）动态相关性原理

组织处在静止状态是相对的，处在运动状态则是绝对的。组织内部各要素之间既相互联系，又相互制约；既相互依存，又相互排斥。要素之间的相互作用结果，导致组织的整体效应不等于其各局部效应的简单相加，这就是动态相关性原理。组织管理者的重要任务就在于使组织活动的整体效应大于其局部效应之和，否则组织就失去了存在的意义。

3）主观能动性原理

组织活动的效果关键在于人的主观能动性的发挥。管理者不应过分地强调客观原因，而应注意组织内部人的主观能动性的发挥。人是生产力中最活跃的因素，人会制造工具，并使用工具进行劳动；在劳动中改造世界，同时也改造自己；能继承并在劳动中运用和发展前人的知识。因此，组织管理者的重要任务就是要把人的主观能动性发挥出来。

4）规律效应性原理

按照客观规律开展组织活动才能取得良好的组织效应。组织管理者在管理过程中要掌握规律，把注意力放在抓事物内部的、本质的、必然的联系上，以达到预期的目标。一个成功的管理者必须努力揭示规律，研究规律，坚决按规律办事。

4.2　建设工程组织管理的基本模式

目前，我国的建设工程项目的组织管理形成了以建设单位为主导，监理企业为管理核心，承包单位为主要实施力量的结构体系。三者以合同为依据，以经济为纽带，形成了三位一体的组织管理模式。建设工程项目组织管理模式对建设工程的规划、控制、协调起着重要作用，组织管理模式不同，其合同体系和管理特点也不同。建设工程监理模式应与建设工程项目组织管理模式相对应，组织管理模式不同，采用的监理模式也不同。

4.2.1　平行承发包模式与监理模式

1）平行承发包模式

建设单位将建设工程的设计、施工以及材料设备采购的任务经过分解分别发包给若干个设计单位、施工单位和材料设备供应单位，并分别与各方签订承包合同，这种承发包形式就是平行承发包模式，如图 4-1 所示。各设计单位之间的关系是平行的，各施工单位之间的关系、各材料设备供应单位之间的关系也是平行的，没有主次之分。

采用这种模式的关键是合理地分解工程建设任务，并进行分类综合，确定发包合同内容，以便择优选择承包单位。

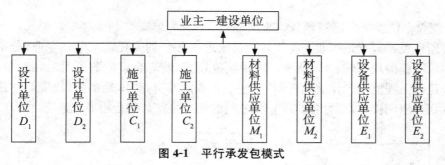

图 4-1　平行承发包模式

2）平行承发包模式的优缺点

（1）平行承发包模式的主要优点

① 有利于缩短工期。设计和施工任务经过分解分别发包,设计阶段与施工阶段可以形成搭接关系,缩短整个建设工程工期。

② 有利于质量控制。整个工程经过分解分别发包给不同的承包商,可以在合同约束下形成相互制约关系,使每一部分都能够较好地实现质量要求。

③ 有利于业主选择承包商。在我国的建筑市场中,专业性强、规模小的承包商占很大的比例,这种模式的合同内容比较单一,合同价值小,风险小,使大、中、小型承包商都能够参与竞争。业主可以在很大的范围内选择承包商,为提高择优性创造了条件。

（2）平行承发包模式的主要缺点

① 合同管理困难。合同数量多,合同关系复杂,使建设工程系统内部结合部位数量增加,组织协调工作量大。

② 投资控制难度大。一是总合同价不易短期确定,影响投资控制实施;二是工程任务量大,需控制多项合同价格,增加了投资控制难度;三是在施工中设计变更和修改较多,导致投资增加。

3）平行承发包模式的监理模式

与建设工程平行承发包模式相对应的监理模式有以下两种主要形式:

（1）建设单位委托一家监理企业监理

这种监理委托模式是指业主只委托一家监理企业为其进行监理服务。这种模式对监理企业要求较高,要求被委托的监理企业要具有较强的合同管理与组织协调能力,并能做好全面监理规划工作。监理企业可以组建多个监理分支机构,对承建单位分别实施监理。在具体的监理过程中,项目总监理工程师应重点做好总体协调工作,加强横向联系,保证建设工程监理工作的有效运行,如图 4-2 所示。

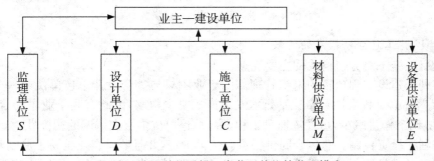

图 4-2　建设单位委托一家监理单位的监理模式

（2）建设单位委托多家监理企业监理

这种监理委托模式是指业主将工程项目监理任务分别委托几家监理企业,分别对不同的承建单位实施监理,如图4-3所示。采用这种模式,监理企业的监理对象相对单一,便于管理。但建设工程监理工作被肢解,各监理企业各负其责,整体性不强,缺少对建设工程进行总体规划与协调控制,而且各监理企业之间的相互协作与配合由业主进行。

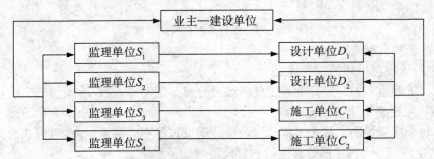

图4-3 建设单位委托多家监理单位的监理模式

4.2.2 设计、施工总分包模式与监理模式

1）设计、施工总分包模式

设计、施工总分包是指工程项目的业主将全部工程项目的设计或施工任务发包给一个设计单位或一个施工单位作为总包单位,总包单位可以将其部分任务再分包给其他承包单位,形成一个设计总包合同或一个施工总包合同以及若干个分包合同的结构模式,如图4-4所示。

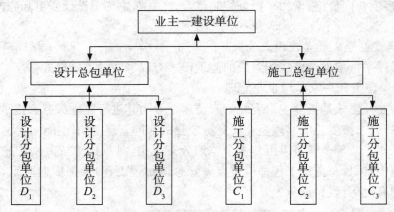

图4-4 设计和施工总分包模式

2）设计、施工总分包模式的优缺点

（1）设计、施工总分包模式的主要优点

① 有利于建设工程项目的组织管理。由于业主只与一个设计总包单位或一个施工总包单位签订合同,工程合同数量比平行承发包模式要少很多,因此有利于业主的合同管理,也使业主协调工作量减少,可发挥监理工程师与总包单位多层次协调的积极性。

② 有利于投资控制。总包合同价格可以较早确定,并且监理企业也易于控制。

③ 有利于质量控制。在质量方面,既有分包单位的自控,又有总包单位的监督,还有工

程监理企业的检查认可,对质量控制有利。

④ 有利于工期和总体进度的协调控制。总包单位具有控制的积极性,分包单位之间也有相互制约作用,有利于监理工程师控制进度。

(2)设计、施工总分包模式的主要缺点

① 建设周期较长。由于设计图纸全部完成后才能进行施工总包的招标,不仅不能将设计阶段与施工阶段搭接,而且施工招标需要的时间也长。

② 总包报价较高。一方面,对于规模较大的建设工程来说,通常只有大型承建单位才具有总包的资格和能力,竞争相对不激烈;另一方面,对于分包出去的工程内容,向业主报价时,总包单位都要在分包报价的基础上加收管理费。

3)设计、施工总分包模式的监理模式

(1)建设单位委托一家监理企业进行实施阶段全过程的监理,如图 4-5 所示。其优点是监理企业可以对设计阶段和施工阶段进行统筹考虑、总体规划,在监理工作中把握工程项目的核心要素和总体工作思路。

(2)建设单位按照设计阶段和施工阶段分别委托监理企业,如图 4-6 所示。其优点是监理企业的专门化程度较高,监理任务相对较轻。

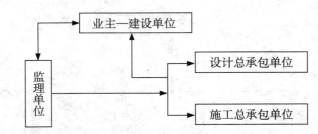

图 4-5 建设单位委托一家监理单位的监理模式

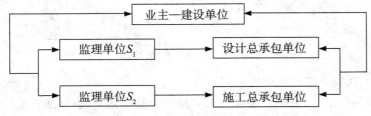

图 4-6 按阶段划分的委托监理模式

4.2.3 项目总承包模式

1)项目总承包模式

项目总承包模式是指建设单位将工程设计、施工、材料和设备采购等工程全部发包给一家公司承包,由其实施设计、施工和采购工作,最后向建设单位交出一个已达到使用条件的建筑产品。这种模式发包的工程也称为"交钥匙工程",如图 4-7 所示。

2)项目总承包模式的优缺点

(1)项目总承包模式的主要优点

① 合同关系简单,组织协调工作量少。建设单位只与项目总承包单位签订一份合同,

合同关系单一。监理工程师主要与项目总承包单位进行协调。许多协调工作量转移到项目总承包单位内部及其与分包单位之间,使工程监理企业的协调量大为减少。

② 建设周期短。由于设计和施工由总承包单位统筹安排,使两个阶段能够有机地融合在一起,能够做到设计阶段与施工阶段相互搭接,因此对进度目标控制有利。

③ 有利于投资控制。通过设计与施工的统筹考虑可以提高项目的经济性,从价值工程或全寿命周期的角度可以取得明显的经济效果,但这并不意味着项目总承包的价格低。

(2) 项目总承包模式的主要缺点

① 发包工作难度大。一是总包合同的内容复杂,合同的条款很难准确确定;二是虽然合同只有一个,但很难控制;三是容易产生合同争议。

② 择优选择承包方的范围小。项目总承包的承包范围广,内容涉及的专业面宽,而且要承担较大的风险,要求承包商具有很高的资质和雄厚的经济技术实力。具有这种能力的承包单位数量相对较少,发包方选择承包商的范围有限,这往往会导致竞争弱,合同价格较高。

③ 质量控制难度大。其原因一是质量标准难以掌控,加大了外部控制的难度;二是质量的制约机制薄弱,缺少相互制约机制。

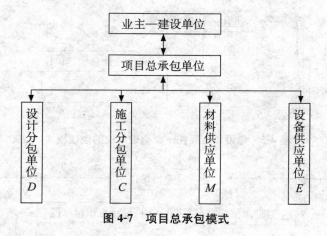

图 4-7 项目总承包模式

3) 项目总承包模式下的监理模式

在项目总承包模式下,宜采用委托一家监理企业监理的模式,如图 4-8 所示。这种模式对监理企业的资质、经济实力和监理工程师的知识素质要求比较高。

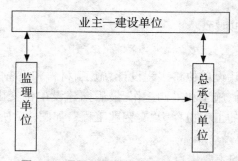

图 4-8 项目总承包模式下的监理模式

4.2.4 项目总承包管理模式

1）项目总承包管理模式

所谓项目总承包管理是指建设单位将工程项目发包给专门从事项目组织管理的单位，再由其分包给若干设计、施工和材料设备供应单位，并在实施中进行项目管理，如图 4-9 所示。其主要特点是该承包单位只承担工程项目的管理工作，而不直接进行设计、施工和材料设备供应工作。设计、施工材料和设备采购工作由其发包给设计、施工和材料设备供应商完成。

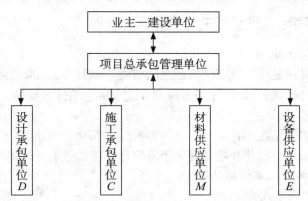

图 4-9 项目总承包管理单位模式

2）项目总承包管理模式的优缺点

（1）项目总承包管理模式的主要优点

项目管理专业化程度高；合同关系简单；有利于工程投资、工程质量和工程进度控制。

（2）项目总承包管理模式的主要缺点

① 由于项目总承包管理单位与设计、施工单位是总包与分包关系，后者才是项目实施的基本力量，所以监理工程师对分包的确认工作就成了十分关键的问题。

② 项目总承包管理单位承担风险的能力较弱，而承担的风险很高。建设单位的工程项目风险增大。

3）项目总承包管理模式的监理模式

在项目总承包管理模式下，宜采用委托一家监理企业监理的模式，如图 4-10 所示。这种模式明确管理责任，便于监理工程师对项目总承包管理合同和项目总承包管理单位进行分包等活动的监理。

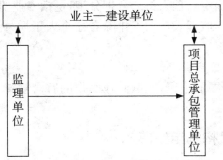

图 4-10 项目总承包管理模式的监理模式

4.3　项目监理机构

监理企业与建设单位签订委托监理合同后,在实施建设工程监理之前,应建立项目监理机构。

4.3.1　建立项目监理机构的步骤

1)确定项目监理机构目标

建设工程监理目标是项目监理机构建立的前提,项目监理机构的建立应根据委托监理合同中确定的监理目标,制定总目标并明确划分监理机构的分解目标。

2)确定监理工作内容

根据监理目标和委托监理合同中规定的监理任务,明确列出监理工作内容,并进行分类归并及组合。监理工作的归并及组合应便于监理目标控制。

3)项目监理机构的组织结构设计

(1)选择组织结构形式

组织结构形式选择的基本原则是:有利于工程合同管理,有利于监理目标控制,有利于决策指挥,有利于信息沟通。

(2)确定管理层次和管理跨度

管理层次一般应有三个层次:①决策层,由总监理工程师和其他助手组成;②中间控制层(协调层和执行层),由各专业监理工程师组成;③作业层,主要由监理员、检查员等组成。

管理跨度应全面考虑,按监理工作实际需要确定。

(3)划分项目监理机构部门

将监理工作内容按不同的职能活动或按子项目分解形成相应的职能管理部门或子项目管理部门。

(4)制定岗位职责和考核标准

根据责权一致的原则,应进行适当的授权,以承担相应的职责;并应确定考核标准,对监理人员的工作进行定期考核,包括考核内容、考核标准及考核时间。

(5)安排监理人员

根据监理工作的任务确定监理人员的合理分工,包括专业监理工程师和监理员,必要时可配备总监理工程师代表。监理人员的安排除考虑个人素质外,还应考虑人员总体构成的合理性与协调性。

4)制定工作流程和信息流程

为使监理工作科学、有序地进行,应按监理工作的客观规律制定工作流程和信息流程,规范化地开展监理工作。

4.3.2　项目监理机构的组织形式

项目监理组织形式是指项目监理具体采用的管理组织结构,应根据工程项目的特点、管理模式、监理模式及监理企业的具体情况而定。常用的项目监理组织形式有以下几种：

1）直线制监理组织形式

直线制监理组织形式的特征是：项目监理机构中任何一个下级只接受唯一上级的命令。各级部门主管人员对所属部门的问题负责，项目监理机构中不再另设投资控制、进度控制、质量控制及合同管理等职能部门。

直线制监理组织形式的主要优点是组织机构简单、权力集中、命令统一、职责分明、决策迅速、隶属关系明确；缺点是实行没有职能部门的"个人管理"，这就要求总监理工程师通晓各种业务和多种知识技能，成为"全能"式人物。一般有以下几种形式：

（1）按子项目设置的直线制监理组织形式，如图 4-11 所示。这种组织形式适用于能划分为若干相对独立子项目的大、中型建设工程。总监理工程师负责这个工程的规划、组织和指导，并负责整个工程范围内各方面的指挥、协调工作；子项目监理组分别负责各子项目的目标控制，具体领导相关专业或专项监理组的工作。

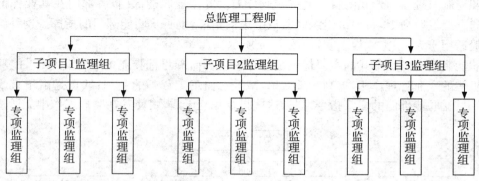

图 4-11　按子项目分解的直线制监理组织形式

（2）按建设阶段设置的直线制监理组织形式，如图 4-12 所示。如果业主委托监理企业对建设工程实施阶段全过程监理，项目监理机构的部门还可按不同的建设阶段分解设立直线制监理组织形式。

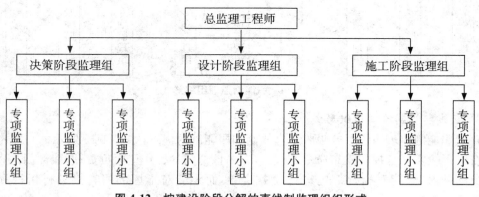

图 4-12　按建设阶段分解的直线制监理组织形式

（3）按专业内容设置的直线制监理组织形式，如图 4-13 所示。对于小型建设工程，监理企业也可以采用按专业内容分解的直线制监理组织形式。

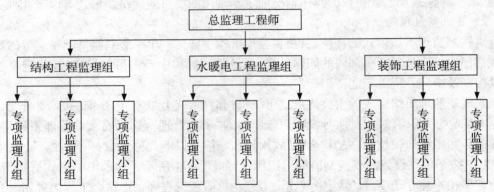

图 4-13   按专业内容设置的直线制监理组织形式

2）职能制监理组织形式

职能制监理组织形式的特点是按专业分工设置监理职能部门，各部门在其业务范围内有权向下级发布命令，每一级组织既服从上级的指挥，也听从职能部门的指挥。这种组织形式一般适用于大、中型建设工程，如图 4-14 所示。

职能制监理组织形式的主要优点是加强了项目监理目标控制的职能化分工，能够发挥职能机构的专业管理作用，提高管理效率，减轻总监理工程师的负担；缺点是由于直线指挥部门人员受职能部门的多头指令，如果这些指令相互矛盾，将使其在监理工作中无所适从。

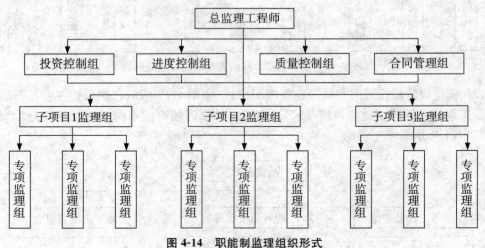

图 4-14   职能制监理组织形式

3）直线职能制监理组织形式

直线职能制监理组织形式吸收了直线制和职能制的优点，如图 4-15 所示。直线指挥部门拥有对下级实行指挥和发布命令的权力，并对该部门的工作全面负责；职能部门是直线指挥人员的参谋，只能对指挥部门进行业务指导，而不能对指挥部门直接进行指挥和发布命令。

直线职能制监理组织形式保持了直线制组织实行直线领导、统一指挥、职责分明的优点，另一方面又保持了职能制组织目标管理专业化的优点；其缺点是职能部门与指挥部门宜产生矛盾，信息传递路线长，不利于互通情报。

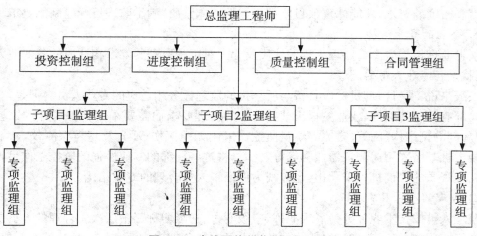

图 4-15 直线职能制监理组织形式

4) 矩阵制监理组织形式

矩阵制监理组织形式是由纵横两套管理系统组成的矩阵型组织结构,一套是纵向的职能系统,另一套是横向的项目系统,如图 4-16 所示。这种组织形式的纵、横两套管理系统在监理工作中是相互融合关系。图 4-16 中的交叉点表示了两者协同以共同解决问题。

矩阵制监理组织形式的优点是加强了各职能部门的横向联系,具有较大的机动性和适应性,把上下左右集权与分权实行最优的结合,有利于解决复杂难题,有利于监理人员业务能力的培养;其缺点是纵、横向协调工作量大,处理不当会造成扯皮现象,宜产生矛盾。

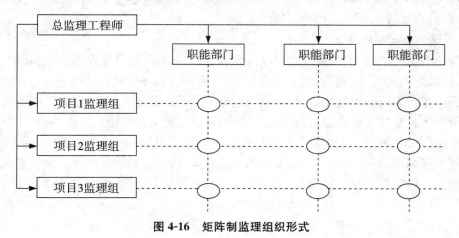

图 4-16 矩阵制监理组织形式

4.4 建设工程监理组织的人员配备及职责分工

4.4.1 建设工程监理组织人员配备应考虑的因素

项目监理组织机构中监理人员的数量和专业配备要根据工程监理的任务范围、内容、期限以及工程的类别、规模、技术复杂程度、环境等因素综合确定,要符合委托监理合同中对监理深度和密度的要求,并能体现项目监理机构的整体素质,满足监理目标控制的要求。

1) 合理的专业结构

项目监理机构应由与监理工程的性质及业主对工程监理的要求相适应的各专业人员组成,也就是各专业人员要配套。

一般来说,项目监理机构应具备与所承担的监理任务相适应的专业人员。但是,当监理工程局部有某些特殊性,或业主提出某些特殊的监理要求而需要采用某种特殊的监控手段时,如局部的钢结构、网架、罐体等质量监控需采用无损探伤、X 光及超声探测仪,水下及地下混凝土桩基需采用遥测仪器探测等等,此时,将这些局部的专业性强的监控工作另行委托给有相应资质的咨询机构来承担,也应视为保证了人员合理的专业结构。

2) 合理的人员层次

监理人员按技术职务分为高级职称、中级职称、初级职称三个层次。合理的人员层次表现在高级职称、中级职称和初级职称的监理人员有与监理工作要求相称的比例。一般来说,具有以上技术职称的监理人员最佳配备比例分别为 10%、60%、20%,此外还应有 10% 左右的行政管理人员。

3) 工程建设强度

工程建设强度是指单位时间内投入的建设工程资金的数量,用下式表示:

$$工程建设强度 = \frac{投资}{工期}$$

其中,投资和工期是指由监理企业所承担的那部分工程的建设投资和工期。一般投资费用可按工程估算、概算或合同价计算,工期根据进度总目标及其分目标计算。显然,工程建设强度越大,需投入的项目监理人数就越多。

4) 建设工程复杂程度

根据一般工程的情况,工程复杂程度涉及以下各项因素:设计活动多少、工程地点位置、气候条件、地形条件、工程地质、施工方法、工程性质、工期要求、材料供应、工程分散程度等。

根据上述各项因素的具体情况,可将工程分为若干工程复杂程度等级,不同等级的工程需要配备的项目监理人员数量有所不同。例如,可将工程复杂程度按五级划分:简单、一般、一般复杂、复杂、很复杂。工程复杂程度定级可采用定量办法:对构成工程复杂程度的每一因素通过专家评估,根据工程实际情况给出相应权重,将各影响因素的评分加权平均后根据其数值的大小确定该工程的复杂程度等级。例如,将工程复杂程度按 10 分制计评,则平均分值 1~3 分、3~5 分、5~7 分、7~9 分者依次为简单工程、一般工程、一般复杂工程和复杂工程,9 分以上为很复杂工程。

显然,简单工程需要的项目监理人员较少,而复杂工程需要的项目监理人员较多。

5) 监理企业的业务水平

每个监理企业的业务水平和对某类工程的熟悉程度不完全相同。高水平的监理企业可以投入较少的监理人力完成一个建设工程的监理工作,而一个经验不多或管理水平不高的监理企业则需投入较多的监理人力。因此,各监理企业应当根据自己的实际情况对监理人员数量进行适当调整。

6) 相关实践工作经验

我国《建设工程监理规范》规定,项目总监理工程师应由具有 3 年以上同类工程监理工作经验的人员担任;总监理工程师代表应由具有 2 年以上同类工程监理工作经验的人员担任;专业监理工程师应由具有 1 年以上同类工程监理工作经验的人员担任。

4.4.2　建设项目监理机构各类人员的基本职责

监理人员的基本职责应按照工程建设阶段和建设工程的情况确定。在施工阶段,按照《建设工程监理规范》的规定,项目总监理工程师、总监理工程师代表、专业监理工程师和监理员应分别履行以下职责:

1) 总监理工程师职责

(1) 确定项目监理机构人员的分工和岗位职责。

(2) 主持编写项目监理规划,审批项目监理实施细则,并负责管理项目监理机构的日常工作。

(3) 审查分包单位的资质,并提出审查意见。

(4) 检查和监督监理人员的工作,根据工程项目的进展情况可进行监理人员调配,对不称职的监理人员应调换其工作。

(5) 主持监理工作会议,签发项目监理机构的文件和指令。

(6) 审定承包单位提交的开工报告、施工组织设计、技术方案、进度计划。

(7) 审核签署承包单位的申请、支付证书和竣工结算。

(8) 审查和处理工程变更。

(9) 主持或参与工程质量事故的调查。

(10) 调解建设单位与承包单位的合同争议,处理索赔,审批工程延期。

(11) 组织编写并签发监理月报、监理工作阶段报告、专题报告和项目监理工作总结。

(12) 审核签认分部工程和单位工程的质量检验评定资料,审查承包单位的竣工申请,组织监理人员对待验收的工程项目进行质量检查,参与工程项目的竣工验收。

(13) 主持整理工程项目的监理资料。

总监理工程师不得将下列工作委托总监理工程师代表:

(1) 主持编写项目监理规划,审批项目监理实施细则。

(2) 签发工程开工/复工报审表、工程暂停令、工程款支付证书、工程竣工报验单。

(3) 审核签认竣工结算。

(4) 调解建设单位与承包单位的合同争议,处理索赔。

(5) 根据工程项目的进展情况进行监理人员的调配,调换不称职的监理人员。

2) 总监理工程师代表职责

(1) 负责总监理工程师指定或交办的监理工作。

(2) 按总监理工程师的授权,行使总监理工程师的部分职责和权力。

3) 专业监理工程师职责

(1) 负责编制本专业的监理实施细则。

(2) 负责本专业监理工作的具体实施。

(3) 组织、指导、检查和监督本专业监理员的工作,当人员需要调整时,向总监理工程师提出建议。

(4) 审查承包单位提交的涉及本专业的计划、方案、申请、变更,并向总监理工程师提出报告。

(5) 负责本专业分项工程验收及隐蔽工程验收。

(6) 定期向总监理工程师提交本专业监理工作实施情况报告,对重大问题及时向总监理工程师汇报和请示。

(7) 根据本专业监理工作实施情况做好监理日记。

(8) 负责本专业监理资料的收集、汇总及整理,参与编写监理月报。

(9) 核查进场材料、设备、构配件的原始凭证、检测报告等质量证明文件及其质量情况,根据实际情况认为有必要时对进场材料、设备、构配件进行平行检验,合格时予以签认。

(10) 负责本专业的工程计量工作,审核工程计量的数据和原始凭证。

4) 监理员职责

(1) 在专业监理工程师的指导下开展现场监理工作。

(2) 检查承包单位投入工程项目的人力、材料、主要设备及其使用、运行状况,并做好检查记录。

(3) 复核或从施工现场直接获取工程计量的有关数据并签署原始凭证。

(4) 按设计图及有关标准,对承包单位的工艺过程或施工工序进行检查和记录,对加工制作及工序施工质量检查结果进行记录。

(5) 担任旁站工作,发现问题及时指出并向专业监理工程师报告。

(6) 做好监理日记和有关的监理记录。

复习思考题

1. 简述组织和组织结构的主要内容。
2. 简述项目总承包模式及其对应的监理模式的内容。
3. 简述建立项目监理机构的步骤。
4. 简述项目监理机构的组织形式。
5. 简述项目总监理工程师的主要岗位职责。
6. 简述监理员的主要岗位职责。

5 建设工程监理规划

本章提要：本章主要介绍了监理工作文件的构成，监理大纲、规划与细则的区别；监理规划的作用；监理规划的编制要求、内容及审核。

5.1 建设工程监理工作文件的构成

建设工程监理工作文件是指监理企业投标时编制的监理大纲、监理合同签订后编制的监理规划和专业监理工程师编制的监理实施细则。

5.1.1 监理大纲

监理大纲又称监理方案，是指建设单位监理招标过程中，工程监理企业为承揽监理业务而编写的监理方案性文件，是工程监理企业投标书的核心内容。监理大纲由工程监理企业指定其经营部门或技术部门管理人员，或者拟任总监理工程师负责编写。

监理大纲的内容应当根据监理招标文件的要求制定，一般包括以下主要内容：

（1）工程监理企业拟派往项目监理机构的监理人员，并对人员资格进行介绍。尤其应重点介绍拟任总监理工程师这一项目监理机构的核心人物，总监理工程师的人选往往是能否承揽到监理业务的关键。

（2）工程监理企业应根据建设单位所提供的以及自己初步掌握的工程信息制定拟采用的监理方案。其内容主要包括：项目监理机构方案、建设工程三大目标的控制方案、工程建设各种合同的管理方案、监理档案资料的管理方案、监理过程中进行组织协调的方案等。

（3）在监理大纲中，监理企业还应该明确未来工程监理工作中向建设单位提供的阶段性的监理文件，这将有助于满足建设单位掌握工程建设过程的需要，有利于监理企业顺利承揽监理业务。

经建设单位和工程监理企业谈判确定的监理大纲，应当纳入委托监理合同的附件中，成为监理合同文件的组成部分。编写监理大纲的作用有两个：一是使建设单位认可监理大纲中的监理方案，从而承揽到监理业务；二是为项目监理机构今后开展监理工作制定基本的方案。

5.1.2 监理规划

监理规划是工程监理企业接受建设单位委托并签订委托监理合同之后，由项目总监理工程师主持，根据委托监理合同，在监理大纲的基础上，结合项目的具体情况，广泛收集工程信息和资料的情况下制定，经监理企业技术负责人审核批准，用来指导项目监理机构开展监理工作的指导性文件。

监理规划应在签订委托监理合同及收到设计文件后开始编制。监理规划由项目总监理工程师主持、各专业监理工程师参加编写,必须经工程监理企业技术负责人审核批准后,在召开第一次工地会议前报送建设单位。在建设单位主持召开的第一次工地会议上,总监理工程师应介绍监理规划的主要内容。

从内容范围上讲,监理大纲与监理规划都是围绕着整个监理机构将开展的监理工作来编写的,但监理规划的内容要比监理大纲详实、全面。

5.1.3 监理实施细则

监理实施细则又简称监理细则,是在监理规划的基础上,由项目监理机构的专业监理工程师针对建设工程中某一专业或某一方面的监理工作而编写,并经总监理工程师批准实施的操作性文件。其作用是指导本专业或本子项目具体监理业务的开展。

对中型及以上或专业性较强的工程项目开展监理工作之前,项目监理机构应分专业编制监理实施细则,以达到规范监理工作行为的目的;对项目规模较小、技术不复杂且管理有成熟经验和措施,并且监理规划可以起到监理实施细则的作用时,监理实施细则可不必另行编写。

监理实施细则可按工程进展情况编写,但应在相应工程施工开始前编制完成。在监理工作实施过程中,监理实施细则应根据实际情况进行补充、修改和完善。

5.1.4 监理规划与监理大纲、监理实施细则的区别和联系

监理大纲、监理规划和监理实施细则是建设工程监理工作文件的组成部分,三者之间既有区别又有联系。

1) 区别

(1) 编制对象不同

监理大纲、监理规划:以项目整体监理为对象。

监理实施细则:以某项专业具体监理工作为对象。

(2) 编制阶段不同

监理大纲:在监理招标阶段编制。

监理规划:在监理委托合同签订后编制。

监理实施细则:在监理规划编制后编制。

(3) 目的和作用不同

监理大纲:使建设单位信服采用本监理企业制定的监理大纲,能够实现建设单位的投资目标和建设意图,从而在竞争中获得监理任务。

监理规划:为了指导监理工作顺利开展,指导项目监理班子内部自身业务工作的作用。

监理实施细则:为了使各项监理工作能够具体实施,指导监理实务作业。

2) 联系

监理大纲、监理规划、监理实施细则又是相互关联的,它们之间存在着明显的依据性关系:在编写项目监理规划时,一定要严格根据监理大纲的有关内容来编写;在制定项目监理实施细则时,一定要在监理规划的指导下进行。

5.2 建设工程监理规划的作用

1）指导项目监理机构全面开展监理工作

监理规划的基本作用就是指导项目监理机构全面开展监理工作。建设工程监理的中心目的是协助建设单位实现建设工程的总目标。实现建设工程总目标是一个系统的过程,需要监理规划对项目监理机构开展的各项监理工作做出全面、系统的组织和安排。它包括确定监理工作目标,制定监理工作程序,确定目标控制、合同管理、信息管理、组织协调等各项措施,以及确定各项工作的方法和手段。

2）监理规划是建设监理主管机构对监理企业监督管理的依据

政府建设监理主管机构对建设工程监理企业要实施监督、管理和指导,对其人员素质、专业配套和建设工程监理业绩要进行核查和考评,以确认其资质和资质等级,以使我国整个建设工程监理行业能够达到应有的水平。要做到这一点,除了进行一般性的资质管理工作之外,更为重要的是通过监理企业的实际监理工作来认定其水平。而监理企业的实际水平可以从监理规划及其实施中充分地表现出来。因此,政府建设监理主管机构对监理企业进行考核时,应当十分重视对监理规划的检查。也就是说,监理规划是政府建设监理主管机构监督、管理和指导监理企业开展监理活动的重要依据。

3）监理规划是建设单位确认监理企业履行合同的主要依据

监理企业如何履行监理合同,如何落实建设单位委托监理企业所承担的各项监理服务工作,作为监理的委托方,建设单位不但需要而且应当了解和确认监理企业的工作。同时,建设单位有权监督监理企业全面、认真地执行监理合同。而监理规划正是建设单位了解和确认这些问题的最好资料,是建设单位确认监理企业是否履行监理合同的主要说明性文件。监理规划应当能够全面而详细地为建设单位监督监理合同的履行提供依据。

4）监理规划是监理企业内部考核的依据和重要的存档资料

从监理企业内部管理制度化、规范化、科学化的要求出发,需要对各项目监理机构(包括总监理工程师和专业监理工程师)的工作进行考核,其主要依据就是经过内部主管负责人审批的监理规划。通过考核,可以对有关监理人员的监理工作水平和能力做出客观、正确的评价,从而有利于今后在其他工程上更加合理地安排监理人员,提高监理工作效率。

从建设工程监理控制的过程可知,监理规划的内容必然随着工程的进展而逐步调整、补充和完善。它在一定程度上真实地反映了一个建设工程监理工作的全貌,是最好的监理工作过程记录。因此,它是每一家工程监理企业的重要存档资料。

5.3 建设工程监理规划的编制

监理规划是在项目总监理工程师和项目监理机构充分分析和研究建设工程的目标、技术、管理、环境以及参与工程建设的各方面情况后制定的。监理规划中应当有明确具体的、符合该工程要求的工作内容、工作方法、监理措施、工作程序和工作制度,并应具有可操作性。

5.3.1 建设工程监理规划编写的依据

1)工程建设方面的法律、法规

工程建设方面的法律、法规具体包括三个方面:

(1)国家颁布的有关工程建设的法律、法规,这是工程建设相关法律、法规的最高层次。在任何地区或任何部门进行工程建设,都必须遵守国家颁布的工程建设方面的法律、法规。

(2)工程所在地或所属部门颁布的工程建设相关的法规、规定和政策。一项建设工程必然是在某一地区实施的,也必然是归属某一部门的,这就要求工程建设必须遵守建设工程所在地颁布的工程建设相关的法规、规定和政策,同时也必须遵守工程所属部门颁布的工程建设相关规定和政策。

(3)工程建设的各种标准、规范。工程建设的各种标准、规范也具有法律地位,也必须遵守和执行。

2)政府批准的工程建设文件

政府批准的工程建设文件包括两个方面:

(1)政府工程建设主管部门批准的可行性研究报告、立项批文。

(2)政府规划部门确定的规划条件、土地使用条件、环境保护要求、市政管理规定。

3)建设工程监理合同

在编写监理规划时,必须依据建设工程监理合同以下内容:监理企业和监理工程师的权利和义务,监理工作范围和内容,有关建设工程监理规划方面的要求。

4)其他建设工程合同

在编写监理规划时,也要考虑其他建设工程合同关于业主和承建单位权利和义务的内容。

5)监理大纲

监理大纲中的监理组织计划、拟投入的主要监理人员,投资、进度、质量控制方案,合同管理方案,信息管理方案,定期提交给业主的监理工作阶段性成果等内容,都是监理规划编写的依据。

6)与建设工程项目有关的设计文件、技术资料

如能在收到施工图设计文件后开始编制监理规划,则更能掌握项目的实际情况。

5.3.2 建设工程监理规划编写的要求

1)基本构成内容应当力求统一

监理规划在总体内容组成上应力求做到统一,这是监理工作规范化、制度化、科学化的要求。

监理规划基本构成内容的确定,首先应依据建设监理制度对建设工程监理的内容要求。建设工程监理的主要内容是控制所监理工程的投资、工期和质量,进行建设工程合同管理,协调有关单位间的工作关系。这些内容无疑是构成监理规划的基本内容。如前所述,监理

规划的基本作用是指导项目监理机构全面开展监理工作。因此,对整个监理工作的组织、控制、方法、措施等将成为监理规划必不可少的内容。这样,监理规划构成的基本内容就可以确定下来。至于某一个具体建设工程的监理规划,则要根据监理企业与业主签订的监理合同所确定的监理实际范围和深度来加以取舍。

归纳起来,监理规划基本构成内容应当包括目标规划、监理组织、目标控制、合同管理和信息管理。施工阶段监理规划统一的内容要求应当在建设监理法规文件或监理合同中明确下来。

2)具体内容应具有针对性

监理规划基本构成内容应当统一,但各项具体的内容则要有针对性。这是因为,监理规划是指导某一个特定建设工程监理工作的技术组织文件,它的具体内容应与这个建设工程相适应。由于所有建设工程都具有单件性和一次性的特点,也就是说每个建设工程都有自身的特点,而且,每一个监理企业和每一位总监理工程师对某一个具体建设工程在监理思想、监理方法和监理手段等方面都会有自己的独到之处,因此,不同的监理企业和不同的监理工程师在编写监理规划的具体内容时,必然会体现出自己鲜明的特色。

每一个监理规划都是针对某一个具体建设工程的监理工作计划,只有具有针对性,建设工程监理规划才能真正起到指导具体监理工作的作用。

3)监理规划应当遵循建设工程的运行规律

监理规划是针对一个具体建设工程编写的,而不同的建设工程具有不同的工程特点、工程条件和运行方式,这就决定了建设工程监理规划的内容与工程运行客观规律应具有一致性,必须把握、遵循建设工程运行的规律。只有把握建设工程运行的客观规律,监理规划的运行才是有效的,才能实施对这项工程的有效监理。

此外,监理规划要随着建设工程的展开进行不断的补充、修改和完善。在建设工程的运行过程中,内外因素和条件不可避免地要发生变化,造成工程的实施情况偏离计划,往往需要调整计划乃至目标,这就必然造成监理规划在内容上也要相应地调整。其目的是使建设工程能够在监理规划的有效控制之下。

监理规划要把握建设工程运行的客观规律,就需要不断地收集大量的编写信息。如果掌握的工程信息很少,就不可能对监理工作进行详尽的规划。随着工程情况的不断进展,工程信息量越来越多,监理规划的内容也就越来越趋于完整。就一项建设工程的全过程监理规划来说,想一气呵成的做法是不实际的,也是不科学的。

4)项目总监理工程师是监理规划编写的主持人

监理规划应当在项目总监理工程师的主持下编写制定,这是建设工程监理实施项目总监理工程师负责制的必然要求。当然,编制好建设工程监理规划,还要充分调动整个项目监理机构中专业监理工程师的积极性,要广泛征求各专业监理工程师的意见和建议,并吸收其中水平比较高的专业监理工程师共同参与编写。

在监理规划编写的过程中,应当充分听取业主的意见,最大限度地满足他们的合理要求,为进一步搞好监理服务奠定基础。

作为监理单位的业务工作,在编写监理规划时还应当按照本单位的要求编写。

5)监理规划一般要分阶段编写

如前所述,监理规划的内容与工程进展密切相关,没有工程进展信息也就没有规划内容。因此,监理规划的编写需要有一个过程,需要将编写的整个过程划分为若干个阶段。

监理规划编写阶段可按工程实施的各阶段来划分,前一阶段工程实施所输出的工程信息就成为后一阶段监理规划信息,例如,可划分为设计阶段、施工招标阶段和施工阶段等。设计的前期阶段,即设计准备阶段,应完成规划的总框架并将设计阶段的监理工作进行"近细远粗"的规划,使监理规划内容与已经掌握的工程信息紧密结合;设计阶段结束,大量的工程信息能够提供出来,所以施工招标阶段监理规划的大部分内容能够落实;随着施工招标的进展,各承包单位逐步确定下来,工程施工合同逐步签订,施工阶段监理规划所需的工程信息基本齐备,足以编写出完整的施工阶段监理规划。在施工阶段,有关监理规划的主要工作是根据工程进展情况进行调整、修改,使监理规划能够动态地控制整个建设工程的正常进行。

在监理规划的编写过程中需要进行审查和修改,因此,监理规划的编写还要留出必要的审查和修改时间。为此,应当对监理规划的编写时间事先做出明确的规定,以免编写的时间过长,从而耽误了监理规划对监理工作的指导,使监理工作陷入被动和无序。

6) 监理规划的表达方式应当格式化、标准化

现代科学管理应当讲究效率、效能和效益,其表现之一就是使控制活动的表达方式格式化、标准化,从而使控制的规划显得更明确、更简洁、更直观。因此,需要选择最有效的方式和方法来表示监理规划的各项内容。比较而言,图、表和简单的文字说明应当是采用的基本方法。所以,编写建设工程监理规划各项内容时应当采用表格、图示以及简单的文字说明。

7) 监理规划应该经过审核

监理规划在编写完成后需进行审核并经批准。监理企业的技术主管部门是内部审核单位,其负责人应当签认。监理规划是否要经过业主的认可,由委托监理合同双方协商确定。

5.4 建设工程监理规划的内容及其审核

5.4.1 监理规划的内容

建设工程监理规划应将委托监理合同中规定的监理企业承担的责任及监理任务具体化,并在此基础上制定实施监理的具体措施。建设工程监理规划通常包括以下内容:

1) 建设工程概况

建设工程的概况部分主要编写以下内容:

(1) 建设工程名称。

(2) 建设工程地点。

(3) 建设工程组成及建筑规模。

(4) 主要建筑结构类型。

(5) 预计工程投资总额(可以按两种费用编列:①建设工程投资总额;②建设工程投资组成简表)。

(6) 建设工程计划工期。

(7) 工程质量要求(应具体提出建设工程的质量目标要求)。

（8）建设工程设计单位及施工承包单位名称。

（9）建设工程项目结构图与编码系统。

2）监理工作范围

监理工作范围是指监理企业所承担的监理任务的工程范围。如果监理企业承担全部建设工程的监理任务，监理范围为全部建设工程，否则应按监理企业所承担的建设工程的建设标段或子项目划分确定建设工程监理范围。

3）监理工作内容

（1）立项阶段监理工作的主要内容

① 协助建设单位准备工程报建手续。

② 可行性研究咨询/监理。

③ 技术经济论证。

④ 编制建设工程投资估算。

（2）设计阶段监理工作的主要内容

① 结合建设工程特点，收集设计所需的技术经济资料。

② 编写设计要求文件。

③ 组织建设工程设计方案竞赛或设计招标，协助建设单位选择好勘察设计单位。

④ 拟定和商谈设计委托合同内容。

⑤ 向设计单位提供设计所需的基础资料。

⑥ 配合设计单位开展技术经济分析，搞好设计方案的必选、优化设计。

⑦ 配合设计进度，组织设计单位与有关部门，如消防、环保、土地、人防、防汛、园林以及供水、供电、供气、供热、电信等部门的协调工作。

⑧ 组织各设计单位之间的协调工作。

⑨ 参与主要设备、材料的选型。

⑩ 审核工程设计图纸，检查设计文件是否符合设计规范及标准，检查施工图纸是否满足施工需要。

⑪ 检查和控制设计进度。

⑫ 审核工程估算、概算、施工图预算。

⑬ 审核主要设备、材料清单。

⑭ 组织设计文件的报批。

（3）施工招标阶段监理工作的主要内容

① 拟定建设工程施工招标方案并征得建设单位同意。

② 准备建设工程施工招标条件。

③ 办理施工招标申请。

④ 协助建设单位编写施工招标文件。

⑤ 标底经建设单位认可后，报送所在地方建设主管部门审核。

⑥ 协助建设单位组织建设工程施工招标工作。

⑦ 组织现场勘察与答疑会，回答投标人提出的问题。

⑧ 协助建设单位组织开标、评标及定标工作。

⑨ 协助建设单位与中标单位商签施工合同。

（4）材料、设备供应阶段监理工作的主要内容

对于由业主负责采购供应的材料、设备等物资，监理工程师应负责制定计划，监督合同的执行和材料、设备的供应工作。具体内容包括：

① 制定材料、设备供应计划和相应的资金需求计划。

② 通过质量、价格、供货期、售后服务等条件的分析和对比选择，确定材料、设备等物资的供应单位。

③ 拟定并商签材料、设备的订货合同。

④ 监督合同的实施，确保材料、设备的及时供应。

（5）施工准备阶段监理工作的主要内容

① 审查施工单位选择的分包单位的资质。

② 监督检查施工单位质量保证体系及安全技术措施，完善质量管理程序与制度。

③ 参加设计单位向施工单位的技术交底。

④ 在单位工程开工前检查施工单位的复测资料，特别是两个相邻施工单位之间的测量资料、控制桩是否交接清楚，手续是否完善，质量有无问题，并对贯通测量、中线及水准桩的设置、固桩情况进行审查。

⑤ 对重点工程部位的中线、水平控制进行复查。

⑥ 审查施工单位上报的实施性施工组织设计，重点对施工方案、劳动力、材料、机械设备的组织及保证工程质量、安全、工期和控制造价等方面的措施进行监督，并向建设单位提出监理意见。

⑦ 监督落实各项施工条件，审批一般单项工程、单位工程的开工报告，并报建设单位备查。

（6）施工阶段监理工作的主要内容

① 施工阶段的质量控制

a. 对所有的隐蔽工程在进行隐蔽以前进行检查和办理签证，对重点工程要派监理人员驻点跟踪监理，签署重要的分项工程、分部工程和单位工程质量评定表。

b. 对施工测量、放样等进行检查，对发现的质量问题应及时通知施工单位纠正，并做好监理记录。

c. 检查确认运到现场的工程材料、构件和设备质量，并应查验试验、化验报告单、出厂合格证是否齐全、合格，监理工程师有权禁止不符合质量要求的材料、设备进入工地和投入使用。

d. 监督施工单位严格按照施工规范、设计图纸要求进行施工，严格执行施工合同。

e. 检查施工单位的工程自检工作，数据是否齐全，填写是否正确，并对施工单位质量评定自检工作作出综合评价。

f. 对施工单位的检验测试仪器、设备、度量衡定期检验，不定期地进行抽验，保证度量资料的准确。

g. 监督施工单位对各类土木和混凝土试件按规定进行检查和抽查。

h. 监督施工单位认真处理施工中发现的一般质量事故，并认真做好监理记录。

i. 对大、重大质量事故以及其他紧急情况应及时报告建设单位。

j. 对工程主要部位、主要环节及技术复杂工程加强检查。

② 施工阶段的进度控制

a. 监督施工单位严格按施工合同规定的工期组织施工。

b. 对控制工期的重点工程,审查施工单位提出的保证进度的具体措施,如发生延误,应及时分析原因,采取对策。

c. 建立工程进度台账,核对工程形象进度,按月、季向建设单位报告施工计划执行情况、工程进度及存在的问题。

③ 施工阶段的投资控制

a. 审查施工单位申报的月、季度计量报表,认真核对其工程数量,不超计,不漏计,严格按合同规定进行计量支付签证。

b. 保证支付签证的各项工程质量合格、数量准确。

c. 建立计量支付签证台账,定期与施工单位核对清算。

d. 按建设单位授权和施工合同的规定审核变更设计。

④ 施工阶段的安全监理

a. 发现存在安全事故隐患的,要求施工单位整改或停工处理。

b. 施工单位不整改或不停止施工的,及时向有关部门报告。

(7) 施工验收阶段监理工作的主要内容

① 督促、检查施工单位及时整理竣工文件和验收资料,受理单位工程竣工验收报告,提出监理意见。

② 根据施工单位的竣工报告,提出工程质量检验报告。

③ 组织工程预验收,参加建设单位组织的竣工验收。

(8) 合同管理工作的主要内容

① 拟定本建设工程合同体系及合同管理制度,包括合同草案的拟定、会签、协商、修改、审批、签署、保管等工作制度及流程。

② 协助建设单位拟定工程的各类合同条款,并参与各类合同的商谈。

③ 合同执行情况的分析和跟踪管理。

④ 协助建设单位处理与工程有关的索赔事宜及合同争议事宜。

(9) 建设单位委托的其他服务

监理企业及其监理工程师受建设单位委托,还可以承担以下几个方面的服务:

① 协助建设单位准备工程条件,办理供水、供电、供气、电信线路等申请或签订协议。

② 协助建设单位制定产品营销方案。

③ 为建设单位培训技术人员。

4) 监理工作目标

建设工程监理目标是指监理企业所承担的建设工程的监理控制预期达到的目标。通常以建设工程项目的建设投资、进度、质量三大控制目标来表示。如,工期控制目标:×××个月或自×年×月×日至×年×月×日;质量控制目标:建设工程质量合格及建设单位的其他要求。

5) 监理工作依据

(1) 工程建设方面的法律、法规。

(2) 政府批准的工程建设文件。

（3）建设工程委托监理合同。

（4）其他建设工程合同。

6）项目监理机构的组织形式

项目监理机构的组织形式应根据建设工程监理要求选择,可用组织结构图表示。

7）项目监理机构的人员配备计划

项目监理机构的人员配备应根据建设工程监理的进程合理安排。

8）项目监理机构的人员岗位职责（详见第4.4.2节）

9）监理工作程序

根据监理目标编制监理工作程序控制流程图或表格。

（1）制定监理工作总程序应根据专业工程特点,监理工作总程序控制流程图如图5-1所示,并按工作内容分别制定具体的监理工作程序,如分包单位资质审查基本程序、工程延期管理基本程序、工程暂停及复工管理的基本程序等。

（2）制定监理工作程序应体现事前控制和主动控制的要求。

（3）制定监理工作程序应结合工程项目的特点,注重监理工作的效果。监理工作程序中应明确工作内容、行为主体、考核标准、工作时限。

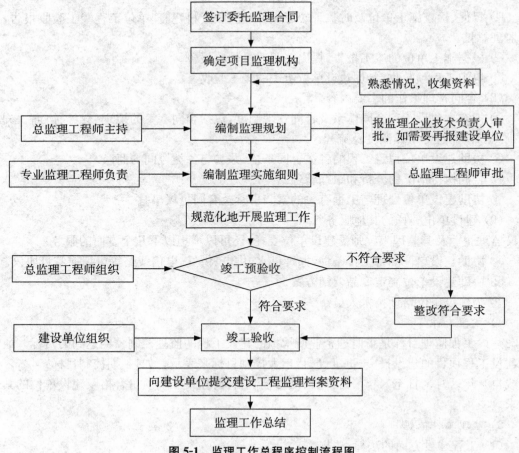

图 5-1　监理工作总程序控制流程图

（4）当涉及建设单位和承包单位工作时,监理工作程序应符合委托监理合同和施工合同的规定。

（5）在监理工作实施过程中,应根据实际情况的变化对监理工作程序进行调整和完善。

10）监理工作方法及措施

建设工程监理控制目标的方法与措施应重点围绕投资控制、进度控制、质量控制这三大控制任务展开。为了履行《建设工程安全生产管理条例》规定的安全监理职责,在监理规划中,也应对安全监理的方法和措施作出规划。

（1）投资控制目标方法与措施

① 投资目标分解。

a. 按建设工程的投资费用组成分解。

b. 按年度、季度分解。

c. 按建设工程实施阶段分解。

d. 按建设工程组成分解。

② 投资使用计划。资金使用计划可列表编制,以年度、季、月来编制。

③ 投资目标实现的风险分析。

④ 投资控制的工作流程与措施。

a. 工作流程图。

b. 投资控制的组织措施。建立健全项目监理机构,完善职责分工及有关制度,落实投资控制的责任。

c. 投资控制的技术措施。在设计阶段,推出限额设计和优化设计;在招标投标阶段,合理确定标底及合同价;对材料、设备采购,通过质量价格比选,合理确定生产供应单位;在施工阶段,通过审核施工组织设计和施工方案,使组织施工合理化。

d. 投资控制的经济措施。及时进行计划费用与实际费用的分析比较,对原设计或施工方案提出合理化建议并被采用,由此产生的投资节约按合同规定予以奖励。

e. 投资控制的合同措施。按合同条款支付工程款,防止过早、过量支付,减少施工单位的索赔,正确处理索赔事宜。

⑤ 投资控制的动态比较。

a. 投资目标分解值与概算值的比较。

b. 概算值与施工图预算值的比较。

c. 合同价与实际投资的比较。

⑥ 投资控制表格。

（2）进度控制目标方法与措施

① 工程总进度计划。

② 总进度目标的分解。

年度、季度进度目标;各阶段的进度目标;各子项目进度目标。

③ 进度目标实现的风险分析。

④ 进度控制的工作流程与措施。

a. 工作流程图。

b. 进度控制的组织措施。建立进度控制协调制度,落实进度控制的责任。

c. 进度控制的技术措施。建立多级网络计划体系,监控承建单位的作业实施计划。

d. 进度控制的经济措施。对工期提前者实行奖励、对应急工程实行较高的计件单价、确保资金的及时供应等。

e. 投资控制的合同措施。按合同要求及时协调有关各方的进度,以确保建设工程的形象进度。

⑤ 进度控制的动态比较。

a. 进度目标分解值与进度实际值的比较。

b. 进度目标值的预测分析。

⑥ 进度控制表格。

(3) 质量控制目标方法与措施

① 质量控制目标的描述。

a. 设计质量控制目标。

b. 材料质量控制目标。

c. 设备质量控制目标。

d. 土建施工质量控制目标。

e. 设备安装质量控制目标。

f. 其他说明。

② 质量目标实现的风险分析。

③ 质量控制的工作流程与措施。

a. 工作流程图。

b. 质量控制的组织措施。建立健全项目监理机构,完善职责分工,制定有关质量监督制度,落实质量控制责任。

c. 质量控制的技术措施。协助完善质量保证体系;严格事前、事中和事后的质量检查监督。

d. 质量控制的经济措施及合同措施。严格质检和验收,不符合合同规定质量要求的拒付工程款;达到建设单位特定质量目标要求的,按合同支付质量补偿金或奖金。

④ 质量目标状况的动态分析。

⑤ 进度控制表格。

(4) 合同管理的方法与措施

① 建立合同目录一览表,如表 5-1 所示。

表 5-1　合同目录一览表

序　号	合同编号	合同名称	承包商	合同价	合同工期	质量要求

② 合同管理的工作流程与措施。

a. 工作流程图。

b. 合同管理的具体措施(详见本书第 7 章)。

③ 合同执行状况的动态分析。

④ 合同争议调解与索赔处理程序。

⑤ 合同管理表格。

(5) 信息管理的方法与措施

① 监理信息分类表。

② 机构内部信息流程图。

③ 信息管理的工作流程与措施。

a. 工作流程图。

b. 信息管理的具体措施。

④ 信息管理表格。

(6) 组织协调的方法与措施

① 与建设工程有关的单位。

a. 建设工程系统内的单位,主要有建设单位、设计单位、施工单位、材料和设备供应单位、资金提供单位等。

b. 建设工程系统外的单位,主要有政府建设行政主管机构、政府其他有关部门、工程毗邻单位、社会团体等。

② 协调分析。

a. 建设工程系统内的单位协调重点分析。

b. 建设工程系统外的单位协调重点分析。

③ 协调工程程序。

投资控制协调程序;进度控制协调程序;质量控制协调程序;其他方面工作协调程序。

④ 协调工作表格。

(7) 安全监理的方法与措施

① 安全监理职责描述。

② 安全监理责任的风险分析。

③ 安全监理的工作流程和措施。

④ 安全监理状况的动态分析。

⑤ 安全监理工作所用图表。

11) 监理工作制度

(1) 施工招标阶段

① 招标准备工作有关制度。

② 编制招标文件有关制度。

③ 标底编制及审核制度。

④ 合同条件拟定及审核制度。

⑤ 组织招标实务有关制度等。

(2) 施工阶段工程建设各阶段

① 设计文件、图纸审查制度。

② 施工图纸会审及设计交底制度。

③ 施工组织设计审批制度。

④ 工程开工申请审批制度。

⑤ 工程材料、半成品质量检验制度。

⑥ 隐蔽工程分项（部）工程质量验收制度。

⑦ 单位工程、单项工程总监验收制度。

⑧ 设计变更处理制度。

⑨ 工程质量事故处理制度。

⑩ 施工进度监督及报告制度。

⑪ 监理报告制度。

⑫ 工程竣工验收制度。

⑬ 监理日志和会议制度。

（3）项目监理机构内部工作制度

① 监理组织工作会议制度。

② 对外行文审批制度。

③ 监理工作日志制度。

④ 监理周报、月报制度。

⑤ 技术、经济资料及档案管理制度。

⑥ 监理费用预算制度。

12）监理设施

建设单位根据委托监理合同的约定，提供满足监理工作需要的如下设施：

（1）办公设施。如现场办公室、办公桌椅、文件柜等。

（2）交通设施。如常规交通工具等。

（3）通讯设施。如电话、电传、对讲机等。

（4）生活设施。如值班（兼休息）室、空调、食堂等。

项目监理机构应根据建设工程类别、规模、技术复杂程度、建设工程所在地的环境条件，按委托监理合同的约定，配备满足监理工作需要的常规检测设备、工具和计算机等。

5.4.2 建设工程监理规划的审核

建设工程监理规划在编写完成后需要进行审核并经批准。监理企业的技术主管部门是内部审核单位，其负责人应当签认。监理规划审核的内容主要包括以下几个方面：

1）监理范围、工作内容及监理目标的审核

依据监理招标文件和委托监理合同，看其是否理解了建设单位对该工程的建设意图，监理范围、监理工作内容是否包括了全部委托的工作任务，监理目标是否与合同要求和建设意图相一致。

2）项目监理机构结构的审核

（1）组织机构

在组织形式、管理模式等方面是否合理，是否结合了工程实施的具体特点，是否能够与建设单位的组织关系和承包方的组织关系相协调等。

（2）人员配备

人员配备的方案应从以下几个方面审查：

① 派驻监理人员的专业满足程度。应根据工程特点和委托监理任务的工作范围审查，不仅要考虑专业监理工程师如土建监理工程师、安装监理工程师等能否满足开展监理工作的需要，而且还要看其专业监理人员是否覆盖了工程实施过程中的各种专业要求，以及高、中级职称和年龄结构的组成。

② 人员数量的满足程度。主要审核从事监理工作人员在数量和结构上的合理性。在施工阶段，专业监理工程师约占 20%～30%。

③ 专业人员不足时采取的措施是否恰当。大中型建设工程由于技术复杂、涉及的专业面宽，当监理企业的技术人员不足以满足全部监理工作要求时，对拟临时聘用的监理人员的综合素质应认真审核。

④ 派驻现场人员计划表。对于大中型建设工程，不同阶段对监理人员人数和专业等方面的要求不同，应对各阶段所派驻现场监理人员的专业、数量计划是否与建设工程的进度计划相适应进行审核；还应平衡正在其他工程上执行监理业务的人员，是否能按照预定计划进入本工程参加监理工作。

3）工作计划审核

在工程进展中各个阶段的工作实施计划是否合理、可行，审查其在每个阶段中如何控制建设工程目标以及组织协调的方法。

4）投资、进度、质量控制方法和措施的审核

对三大目标的控制方法和措施应重点审查，看其如何应用组织、技术、经济、合同措施保证目标的实现，方法是否科学、合理、有效。

5）监理工作制度审核

主要审查监理的内、外工作制度是否健全。

复习思考题

1. 简述建设工程监理大纲、监理规划、监理实施细则三者之间的关系。
2. 简述建设工程监理规划的作用。
3. 简述建设工程监理规划的编写依据。
4. 简述建设工程监理规划的编写要求。
5. 简述建设工程监理规划的主要内容。
6. 简述建设工程监理规划的审核内容。

6 建设工程监理目标控制

本章提要:本章主要介绍了工程建设监理目标控制的基本概念和基本原理;投资控制;进度控制;质量控制。

6.1 目标控制概述

建设工程监理目标就是控制工程项目的投资、进度和质量目标。建设工程监理目标不是单一目标,而是由多个目标组成的目标系统。建设工程监理目标控制是建设工程监理的重要职能之一,其工作的好坏直接影响业主的利益,同时也反映监理企业的监理效果。监理工程师在进行目标控制的过程中,强调目标的整体性以及这些目标之间的相互关系是非常重要的。

所谓的目标控制一般是指管理人员按计划标准来衡量所取得的成果,纠正所发生的偏差,使目标和计划得以实现的管理活动。目标控制作为工程建设监理的一种重要的管理活动,监理工程师必须掌握有关目标控制的基本思想、理论和方法。

目前我国监理工作范围主要在工程建设的施工阶段,在本章中主要介绍施工阶段的监理目标控制内容,涉及的表式见附录3。

6.1.1 控制流程及其基本环节

1)控制流程

建设工程的目标控制是一个有限循环过程,而且一般表现为周期性的循环过程。通常,在建设工程监理实践中,投资控制、进度控制和常规质量控制问题的控制周期按周或月计,而严重的工程质量问题和事故则需要及时加以控制。目标控制也可能包含着对已采取的目标控制措施的调整或控制。控制程序如图6-1所示。

从图6-1中可以看出:控制流程始于计划。工程开始实施,要按计划要求将所需的人力、材料、设备、机具、方法等资源和信息进行投入。于是,计划开始运行,工程得以进展,并不断输出实际的工程状况和实际的投资、进度、质量目标。由于外部环境和内部系统的各种因素的影响,实际输出的投资、进度、质量目标有可能偏离计划目标。为了最终实现计划目标,控制人员要收集工程实际情况和其他情况相关的信息,将各种投资、进度、质量状况与相应的计划目标进行比较,以确定是否偏离了计划。如果计划运行正常,那么就按原计划继续进行;反之,如果实际输出的投资、进度、质量目标已经偏离计划目标,或者预计将要偏离,就需要采取纠正措施,或改变投入,或修改计划,或采取其他纠正措施,使计划呈现一种新状态,使工程能够在新的计划状态下进行。

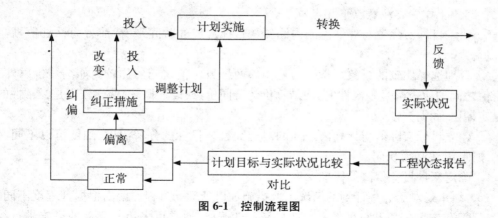

图 6-1　控制流程图

2）控制流程的基本环节

控制流程的各项工作可以概括为投入、转换、反馈、对比、纠正五个基本环节。

（1）投入是控制过程的开端。一项计划能否顺利的实现，基本条件是能否按计划所要求的人力、财力、物力进行投入。计划确定的资源数量、质量和投入的时间是保证计划实施的基本条件，也是实现计划目标的基本保障。因此，要使计划能够正常实施并达到预计目标，就应当保证能够将质量、数量符合计划要求的资源按规定时间和地点投入到工程建设中去。

监理工程师如果能够把握住对"投入"的控制，也就是把握住了控制的起点要素。

（2）转换主要是指工程项目由投入到产出的过程，也就是工程建设目标实现的过程。在转换过程中，计划的运行往往会受到来自外部环境和内部系统许多因素的干扰，造成实际工程偏离计划轨道。而这类干扰往往是潜在的，未被人们所预料或人们无法预料的。同时，由于计划本身不可避免地存在着程度不同的问题，因而造成期望的输出与实际输出之间发生偏离。比如，计划没有经过科学的资源、技术、经济和财务可行性分析，在计划实施过程中就难免发生各种问题。

鉴于以上原因，监理工程师应当做好"转换"过程的控制工作。主要有：跟踪了解工程进展情况，掌握工程转换的第一手资料，为今后分析偏差原因、确定纠正措施提供可靠依据。同时，对于那些可以及时解决的问题，采取"及时控制"措施，发现偏离，及时纠偏，避免积重难返。

（3）反馈是控制的基础工作，是把各种信息返送到控制部门的过程。对于一项即使认为制定得相当完善的计划，控制人员也难以对其运行结果有百分之百的把握。因此，必须在计划与执行之间建立密切的联系，及时捕捉工程信息并反馈给控制部门来为控制服务。

反馈信息包括已发生的工程情况、环境变化等信息，还包括对未来工程预测的信息。信息反馈方式可以分为正式和非正式两种。正式反馈信息的方式是指书面的工程状况报告一类，它是控制过程中应当采用的主要反馈方式。非正式反馈信息主要指口头方式，如口头指令、口头反映的工程实施情况，对非正式信息的反馈也应当给予足够的重视。当然，非正式信息反馈还应当及时的转化为正式信息反馈。无论是正式反馈信息还是非正式反馈信息，都应当满足全面、准确、及时的要求。

（4）对比是将目标的实际值与计划值进行比较，以确定是否发生偏离。对比工作步骤可以分两步：第一步是对收集的工程实际成果加以分类、归纳，形成与计划目标相对应的实际值，以便进行比较；第二步是对比较结果的判断。

在对比工作中要注意以下几点：

① 明确目标实际值与计划值的内涵。从目标形成的时间来看，前者为计划值，后者为实际值。

② 合理选择比较的对象。常见的是相邻两种目标值之间的比较。如结算价以外各种投资值之间的比较都是一次性的，而结算价与合同价（或设计概算）的比较则是经常性的，一般是定期（如每月）比较。

③ 建立目标实际值与计划值之间的对应关系。目标的分解深度、细度可以不同，但分解的原则、方法必须相同。

④ 确定衡量目标偏离的标准。

（5）纠正是对于偏离计划的情况采取措施加以处理的过程。偏离根据其程度不同可分为轻度偏离、中度偏离和重度偏离。如果是轻度偏离，通常可采用较简单的措施进行纠偏，不改变原定目标的计划值，基本不改变原定的实施计划，在下一个控制周期内，使目标的实际值控制在计划值范围内，即直接纠偏。比如，对进度稍许拖延的情况，可适当增加人力、机械、设备等的投入量就可以解决；如果是中度偏离，则采用不改变总目标的计划值，调整后期实施计划的方法进行纠偏；如果是重度偏离，则要分析偏离原因，重新确定目标的计划值，并据此重新制定实施计划。

纠偏一般是针对正偏差（实际值大于计划值）而言，如投资增加、工期拖延。对于负偏差的情况，要仔细分析其原因，排除假象。当然，最好的纠偏措施是把管理的各项职能结合起来，采取系统的办法实施纠偏。这就不仅要在计划上做文章，还要在组织、人员配备、领导等方面做文章。

总之，投入、转换、反馈、对比、纠正五个基本环节在控制过程中缺一不可，构成一个循环链。每一次控制循环结束都有可能使工程呈现一种新的状态，或者是重新修订计划，或者是重新调整目标，使其在这种新状态下继续开展。同时，还应使内部管理呈现一种新状态，力争使工程运行出现一种新气象。

6.1.2 控制类型

根据划分依据的不同，可将控制分为不同的类型：按照控制措施作用于控制对象的时间，可分为事前控制、事中控制和事后控制；按照控制信息的来源，可分为前馈控制和反馈控制；按照控制过程是否形成闭合回路，可分为开环控制和闭环控制；按照控制措施制定的出发点，可分为主动控制和被动控制。同一控制措施可以表述为不同的控制类型，或者说，不同划分依据的不同控制类型之间存在内在的同一性。

1) 主动控制

所谓主动控制，是在预先分析各种风险因素及其导致目标偏离的可能性和程度的基础上，拟订和采取有针对性的预防措施，从而减少乃至避免目标偏离。主动控制是事前控制、前馈控制、开环控制，是面对未来的控制。主动控制最主要的特点就是事前分析和预测目标值偏离的可能性，并采取相应的预防措施。

所以监理工程师更应当注意预测结果的准确性和全面性。应做到：

（1）详细调查并分析研究外部环境条件，以确定那些影响目标实现和计划运行的各种有利和不利因素。

（2）识别风险，为风险分析和管理提供依据，做好风险管理工作。

（3）用科学的方法制定计划。

（4）高质量地做好组织工作，使组织与目标和计划高度一致。

（5）制定必要的备用方案，以对付可能出现的影响目标或计划实现的情况。

（6）计划应有适当的松弛度，即"计划应留有余地"。

（7）沟通信息流通渠道，加强信息收集、整理和研究工作。

2）被动控制

所谓被动控制，是从计划的实际输出中发现偏差，通过对产生偏差原因的分析，研究制定纠偏措施，以使偏差得以纠正，工程实施恢复到原来的计划状态，或虽然不能恢复到计划状态，但可以减少偏差的严重程度。被动控制是一种事中控制和事后控制、反馈控制、闭环控制，是面对现实的控制。

对监理工程师来讲，被动控制仍然是一种积极的控制，也是十分重要的控制方式，而且是经常运用的控制形式。

3）主动控制与被动控制的关系

两种控制，即主动控制与被动控制，对监理工程师而言缺一不可。在建设工程实施过程中，如果仅仅采取被动控制措施，难以实现预定的目标。但是，仅仅采取主动控制措施却是不现实的，或者说是不可能的，有时可能是不经济的。这表明，是否采取主动控制措施以及采取何种主动控制措施，应在对风险因素进行定量分析的基础上，通过技术经济分析和比较来决定。

要做到主动控制与被动控制相结合，关键在于处理好以下两方面问题：一是要扩大信息来源，即不仅要从本工程获得实施情况的信息，而且要从外部环境获得有关信息，包括已建同类工程的有关信息，这样才能对风险因素进行定量分析，使纠偏措施有针对性；二是要把握好输入这个环节，即要输入两类纠偏措施，不仅有纠正已经发生的偏差的措施，而且有预防和纠正可能发生的偏差的措施，这样才能取得较好的控制效果。

在建设工程实施过程中，应当认真研究并制定多种主动控制措施，尤其要重视那些基本上不需要耗费资金和时间的主动控制措施，如组织、经济、合同方面的措施，并力求加大主动控制在控制过程中的比例。

6.1.3 目标控制的前提工作

目标控制的前提工作：一是目标规划和计划；二是目标控制的组织。

1）目标规划和计划

目标规划和计划越明确、越具体、越全面，目标控制的效果就越好。

（1）目标规划和计划与目标控制的关系

目标规划需要反复进行多次，这表明目标规划和计划与目标控制的动态性相一致。随着建设工程的进展，目标规划需要在新的条件和情况下不断深入、细化，并可能需要对前一阶段的目标规划作出必要的修正或调整。由此可见，目标规划和计划与目标控制之间表现出一种交替出现的循环关系。

（2）目标控制的效果在很大程度上取决于目标规划和计划的质量

应当说，目标控制的效果直接取决于目标控制的措施是否得力，是否将主动控制与被动控制有机地结合起来,以及采取控制措施的时间是否及时等。但是,虽然目标控制的效果是客观的,可人们对目标控制效果的评价却是主观的,通常是将实际结果与预定的目标和计划进行比较。如果出现较大的偏差,一般就认为控制效果较差;反之,则认为控制效果较好。从这个意义上讲,目标控制的效果在很大程度上取决于目标规划和计划的质量。因此,必须合理确定并分解目标,并制定可行且优化的计划。

2) 目标控制组织

目标控制的组织机构和任务分工越明确、越完善,目标控制的效果就越好。为了有效地进行目标控制,需要做好以下几方面的组织工作:①设置目标控制机构;②配备合适的目标控制人员;③落实目标控制机构和人员的任务和职能分工;④合理组织目标控制的工作流程和信息流程。

6.1.4 建设工程监理的目标系统

建设工程监理的中心工作是对建设工程项目的目标进行控制。任何建设工程都有投资、进度、质量三大目标,这三大目标构成了建设工程监理的目标系统。为了有效地进行目标控制,必须正确认识和处理投资、进度、质量三大目标之间的关系。

1) 三大目标之间的对立关系

一般来说,如果对建设工程的功能和质量要求较高,就需要采用较好的工程设备和建筑材料,就需要投入较多的资金;同时,还需要精耕细作,严格管理,既增加了人力的投入,又需要较长的建设时间。如加快进度、缩短工期,则需要加班加点,适当增加施工机械和人力,这将导致施工效率下降,单位产品的费用上升,从而使整个工程的总投资增加;另外,加快进度会打乱原有的计划,增加控制和协调的难度,而且会对工程质量带来不利影响或留下工程质量隐患。如降低投资,就需要考虑降低功能和质量要求,采用较差或普通的工程设备和建筑材料;同时,只能按费用最低的原则安排进度计划,这个工程需要的建设时间就较长。

以上分析表明,三大目标之间存在对立关系。因此,不能奢望投资、进度、质量三大目标同时达到最优。

2) 三大目标之间的统一关系

对于三大目标之间的统一关系,需要从不同的角度分析和理解。如果加快进度、缩短工期,虽然需要增加一定的投资,但是可以使整个建设工程提前投入使用,提早发挥投资效益,还能在一定程度上减少利息支出,如提早发挥的投资效益超过因加快进度所增加的投资额度,则加快进度从经济角度来说就是可行的。如果提高功能和质量要求,虽然需要增加一次性投资,但是可能降低工程投入使用后的运行费用和维修费用,从全寿命费用分析的角度则是节约投资的,而且,在不少情况下,功能好、质量优的工程投入使用后的收益往往较高;从质量控制的角度,既实现工程预定的功能和质量要求,又大大减少投入使用后的维修费用,也减少实施过程中的返工费用;另外,从进度控制的角度,严格控制质量可以减少返工次数和时间,起到保证进度的作用。

监理工作的好坏主要是看能否将建设工程项目置于监理工程师的控制之下,这需要监理人员将投资、进度、质量三大目标作为一个系统统筹考虑,反复协调和平衡,力求实现整个目标系统最优,也就是实现投资、进度、质量三大目标的统一。

6.1.5　建设工程监理目标控制的措施

为了取得目标控制的理想效果,应当从多方面采取措施实施控制,通常可以归纳为组织措施、技术措施、经济措施、合同措施四个方面。

1) 组织措施

组织措施是从目标控制的组织管理方面采取的措施,如落实目标控制的组织机构和人员,明确各级目标控制人员的任务和职能分工、权力和责任,改进目标控制的工作流程等。组织措施是其他各类措施的前提和保障,而且一般不需要增加费用,运用得当可以收到良好的效果,尤其是对由于建设单位原因所导致的目标偏差,这类措施可以成为首选措施,故应予以足够的重视。

2) 技术措施

技术措施不仅对解决建设工程实施过程中的技术问题是不可缺少的,而且对纠正目标偏差也有相当重要的作用。任何一个技术方案都有基本确定的经济效果,不同的技术方案就有着不同的经济效果。因此,运用技术措施纠偏的关键,一是要能提出多个不同的技术方案;二是要对不同的技术方案进行技术经济分析。

3) 经济措施

经济措施是最易为人接受和采用的措施。但经济措施决不仅仅是审核工程量及相应的付款和结算报告,还需要从一些全局性、总体性的问题加以考虑,不要仅仅局限在已发生的费用上。通过偏差原因分析和未完工程投资预测,可发现一些现有和潜在的问题,将引起未完工程的投资增加,对这些问题应以主动控制为出发点,及时采取预防措施。因此,经济措施的运用决不仅仅是财务人员的事情。

4) 合同措施

合同措施除了拟订合同条款、参加合同谈判、处理合同执行过程中的问题、防止和处理索赔等措施外,还要协助建设单位确定对目标控制有利的建设工程组织管理模式和合同结构,分析不同合同之间的相互联系和影响,对每一个合同作总体和具体分析等。由于投资控制、进度控制和质量控制均要以合同为依据,因此合同措施就显得尤为重要,这些合同措施对目标控制更具有全局性的影响。另外,在采取合同措施时要特别注意合同中所规定的建设单位和监理工程师的义务和责任。

6.2　建设工程质量控制

6.2.1　建设工程质量控制概述

1) 质量与建设工程质量的概念

根据 GB/T 19000—ISO 9000 的定义,质量是一组固有特性满足要求的程度。

质量的主体是"实体",其实体是广义的,它不仅可以是产品,也可以是某项活动或过程、某项服务,还可以是质量管理体系的运行情况。质量是由实体的一组固有特性组成,这些固有特性是指满足顾客和其他相关方要求的特性,并由其满足要求的程度加以表征。

建设工程质量简称工程质量,是指工程满足业主需要的、符合国家现行的有关法律、法规、技术规范标准、设计文件及合同规定的特性综合。

由于工程项目是根据业主的要求而兴建的,不同的业主也就有不同的功能要求,所以,工程项目的功能与使用价值还是相对于业主的需要而言,并无一个固定和统一的标准。

2)建设工程质量的特点

(1)影响因素多。如决策、设计、材料、机械、环境、施工工艺、施工方案、操作方法、技术措施、管理制度、施工人员素质等均直接或间接地影响工程项目的质量。

(2)质量波动大。工程建设因其具有复杂性、单一性,不像一般制造业产品的生产那样有固定的生产流水线,有规范化的生产工艺和完善的检测技术,有成套的生产设备和稳定的生产环境,有相同系列规格和相同功能的产品,所以其质量波动性大。

(3)质量变异大。由于影响工程质量的因素较多,任何一个因素发生质量问题都可能会引起工程建设系统的质量变异,造成工程质量事故。

(4)质量隐蔽性。工程项目在施工过程中,由于工序交接多,中间产品多,隐蔽工程多,若不及时检查并发现其存在的质量问题,事后看表面质量可能很好,容易产生第二判断错误,即将不合格的产品认为是合格的产品。

(5)终检局限大。工程项目建成后,不可能像某些工业产品那样可以通过拆卸或解体来检查内在的质量,所以工程项目终检时难以发现工程内在的、隐蔽的质量缺陷。因此,对于工程质量应更重视事前控制、事中控制,严格监督,防患于未然,将质量事故消灭在萌芽之中。

(6)评价方法特殊。建设工程质量的施工质量评定始于开工准备,终于竣工验收,贯穿于工程的全过程。工程质量的检查评定及验收是按检验批、分项工程、分部工程、单位工程进行的。工程质量是在施工单位按合格质量标准自行检验评定的基础上,由监理工程师(或建设单位项目负责人)组织有关单位、人员进行检验确认验收。这种评价方法体现了"验评分离,强化验收,完善手段,过程控制"的指导思想,又有别于工厂化生产的产品质量验收。

3)建设工程质量的影响因素

影响建设工程的因素很多,从建设工程质量形成的过程来分析,项目可行性研究、工程勘察设计、工程施工、工程竣工验收等各阶段对工程质量的形成有着不同的影响。也可以从影响工程质量的几个主要方面来分析,尤其是施工阶段,归纳起来主要有五个方面,即人员、机械、材料、方法和环境。

4)建设工程质量控制

建设工程质量控制,就是为了实现项目的质量满足工程合同、规范标准要求所采取的一系列措施、方法和手段。质量控制有直接从事质量活动者的控制和对他人质量行为进行监控的控制。前者称为自控主体,后者称为监控主体。监理单位与政府监督部门为监控主体,承建商(如勘测、设计单位与施工单位)为自控主体。

建设工程质量控制的目标,就是通过有效的质量控制工作和具体的质量控制措施,在满足投资和进度要求的前提下,实现工程预定的质量目标。

建设工程质量目标:一是符合国家现行的关于工程质量的法律、法规、技术标准和规范等的有关规定;二是满足与建设单位所签合同中约定的质量要求。但是对于合同约定的质量目标,必须保证其不得低于国家强制性质量标准的要求。

监理工程师在工程质量控制过程中,应遵循以下几条原则:

(1) 坚持质量第一的原则。

(2) 坚持以人为核心的原则。

(3) 坚持以预防为主的原则。

(4) 坚持质量标准的原则。

(5) 坚持科学、公正、守法的职业道德规范的原则。

6.2.2 施工阶段的质量控制

1) 工程质量形成过程与质量控制系统

由于施工阶段是使工程设计意图最终实现并形成工程实体的阶段,也是最终形成工程实体质量的系统过程,所以施工阶段的质量控制是一个由对投入的资源和条件的质量控制,进而对生产过程及各环节质量进行控制,直到对所完成的工程产出品的质量检验与控制为止的全过程的系统控制过程。

这个系统过程可以按施工阶段工程实体质量形成的时间阶段划分为施工准备、施工过程、竣工验收三个环节。形成质量控制的系统过程如图 6-2 所示。

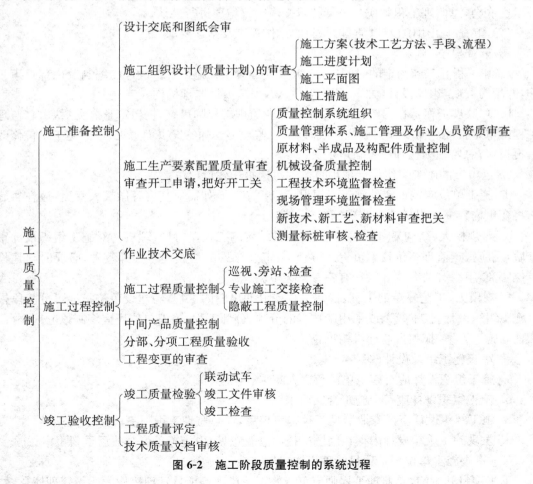

图 6-2 施工阶段质量控制的系统过程

2）施工质量控制的依据

（1）工程合同文件。监理工程师应该熟悉工程施工承包合同和委托监理合同文件，特别是其中关于参与建设各方在质量控制方面的权利和义务，据此进行质量监督和控制。

（2）设计文件。"按图施工"是施工阶段质量控制的一项重要原则，经过批准的设计图纸和技术说明书等设计文件，是监理工程师进行施工质量控制的重要依据。

（3）国家及政府有关部门颁布的有关质量管理方面的法律、法规性文件。详见本书第1.4节内容。

（4）有关质量检验与控制的专门技术标准。一般是针对不同行业、不同的质量控制对象而制定的技术法规性的文件，包括各种有关的标准、规范、规程或规定。

3）施工准备阶段的质量控制

施工准备阶段的质量控制属事前控制，如事前的质量控制工作做得充分，不仅是工程项目施工的良好开端，而且会为整个工程项目质量的形成创造极为有利的条件。

（1）参与设计技术交底

在设计交底前，总监理工程师应组织监理人员熟悉设计文件，并对图纸中存在的问题通过建设单位向设计单位提出书面意见和建议。项目监理人员应参加由建设单位组织的设计技术交底会，总监理工程师应对设计技术交底会议纪要进行签认。

（2）审查施工组织设计（质量计划）的工作程序及基本要求

① 审查程序

a. 在工程开工前约定的时间内，施工单位必须完成施工组织设计的编制及内部自审工作，并填写"施工组织设计（方案）报审表"（A2）报送项目监理机构。

b. 总监理工程师在约定时间内，组织专业监理工程师审查，提出审查意见后，由总监理工程师审定批准。需要施工单位修改时，由总监理工程师签发书面意见，退回施工单位修改后再报审，总监理工程师应重新审定。

c. 已审定的施工组织设计由项目监理机构报送建设单位。

d. 施工单位应按审定的施工组织设计组织施工。如需对其内容做较大变更，应在实施前将变更内容书面报送项目监理机构重新审定。

e. 对规模大、结构复杂或属新结构、特种结构的工程，项目监理机构对施工组织设计审查后，还应报送监理单位技术负责人审查，其审查意见由总监理工程师签发，必要时与建设单位协商，组织有关专业部门和有关专家会审。

f. 规模大、工艺复杂的工程、群体工程或分期出图的工程，经建设单位批准可分阶段报审施工组织设计；技术复杂或采用新技术的分项、分部工程，施工单位还应编制该分项、分部工程的施工方案，报项目监理机构审查。

② 审查施工组织设计的基本要求

a. 施工组织设计应有施工单位负责人签字。

b. 施工组织设计应符合施工合同要求。

c. 施工组织设计应由专业监理工程师审核后，经总监理工程师签认。

d. 发现施工组织设计中存在问题应提出修改意见，由施工单位修改后重新报审。

（3）审查施工单位现场项目管理机构

工程项目开工前，总监理工程师应审查施工单位现场项目管理机构的质量管理体系、技术管理体系和质量保证体系,确能保证工程项目施工质量时予以确认。对质量管理体系、技术管理体系和质量保证体系应审核以下内容:

① 质量管理、技术管理和质量保证的组织机构。

② 质量管理、技术管理制度。

③ 专职管理人员和特种作业人员的资格证、上岗证。

(4) 审核分包单位的资质

总承包单位选定分包单位后,在分包工程开工前,应向项目监理机构提交"分包单位资质报审表"(A3)。专业监理工程师应审查承包单位报送的分包单位资格报审表和分包单位有关资质资料,调查核实分包单位的情况是否属实。符合有关规定后,由总监理工程师予以签认。总承包单位收到监理工程师的批准通知后,应尽快与分包单位签订分包协议,并将协议副本报送监理机构备案。

对分包单位资格应审核以下内容:

① 分包单位的营业执照、企业资质等级证书、特殊行业施工许可证、国外(境外)企业在国内承包工程许可证。

② 分包单位的业绩。

③ 拟分包工程的内容和范围。

④ 专职管理人员和特种作业人员的资格证、上岗证。

监理工程师主要是审查施工合同是否允许分包,分包范围和工程部位是否可以进行分包,分包单位是否具有按工程施工合同规定的条件完成分包工程任务的能力。

(5) 参加第一次工地会议

详见本书第8.3节的内容。

(6) 测量放线的检查

工程施工测量放线是建设工程产品由设计转化为实物的第一步,其质量好坏直接影响工程产品的综合质量,并且制约着施工过程中有关工序的质量。施工测量放线结束后,施工单位将施工测量成果填写在"_____报验申请表"(A4)中向项目监理机构报审。专业监理工程师应按以下要求进行检查,符合要求时,专业监理工程师对施工单位报送的施工测量成果报验申请表予以签认:

① 检查承包单位专职测量人员的岗位证书及测量设备检定证书;

② 复核控制桩的校核成果、控制桩的保护措施以及平面控制网、高程控制网和临时水准点的测量成果。

(7) 审查开工报告

监理工程师应审查施工单位报送的工程开工报审表及相关资料,具备以下开工条件时,由总监理工程师签发,并报建设单位:

① 施工许可证已获政府主管部门批准。

②征地拆迁工作能满足工程进度的需要。

③施工组织设计已获总监理工程师批准。

④承包单位现场管理人员已到位,机具、施工人员已进场,主要工程材料已落实。

⑤进场道路及水、电、通信已满足开工条件。

4）施工过程的质量控制

施工过程的质量控制属于事中控制，监理工程师应督促施工单位加强内部质量管理，严格质量控制。施工作业过程均应按规定工艺和技术要求进行。

（1）质量控制点的设置

为了保证施工质量，需要确定一些重点控制对象，即质量控制点，主要包括重要工序、关键部位和薄弱环节。一般工程常见的质量控制点设置位置见表6-1所示。

表 6-1　质量控制点的设置位置

分项工程	质 量 控 制 点
测量定位	标准轴线桩、水平桩、龙门板、定位轴线
地基、基础	基坑（槽）尺寸、标高、土质、地基承载力、基础垫层标高，基础位置、尺寸、标高、预留洞孔、预埋件的位置、规格、数量，基础墙皮数杆及标高、杯底弹线
砌体	砌体轴线，皮数杆，砂浆配合比，预留洞孔，预埋件位置、数量，砌块排列
模板	位置、尺寸、标高，预埋件位置，预留洞孔尺寸、位置，模板强度及稳定性，模板内部清理及润湿情况
钢筋混凝土	水泥品种、强度等级，砂石质量，混凝土配合比，外加剂比例，混凝土振捣，钢筋品种、规格、尺寸、接头，预留洞孔及预埋件规格数量和尺寸，预制构件的吊装等
吊装	吊装设备、吊具、索具、地锚
钢结构	翻样图、放大样、胎模与胎架、连接形式的要点（焊接及残余变形）
装修	材料品质、色彩、工艺

监理工程师应该准确、有效的选择质量控制点，对其进行重点控制和预控，这是质量控制的有效方法。

（2）进场材料、半成品或构配件的质量控制

① 凡运到施工现场的原材料、半成品或构配件，进场前施工单位应向项目监理机构提交"工程材料/构配件/设备报审表"（A9），并附有产品出厂合格证及技术说明书，由施工单位按规定进行检验或试验。凡是没有产品出厂合格证明及检验不合格者不得进场。

② 见证取样是对工程项目使用的材料、半成品、构配件的现场取样和工序活动效果的检查实施见证。监理工程师认为施工单位提交的有关产品合格证明的文件以及检验和试验报告仍不足以说明到场产品的质量符合要求时，可以组织复检或见证取样试验。按照建设部规定，必须在市政工程及房屋建筑工程项目中实行见证取样的，如工程材料、承重结构的混凝土试块、承重墙体的砂浆试块、结构工程的受力钢筋（包括接头），见证取样的频率和数量按有关规定执行。

对未经监理人员验收或验收不合格的工程材料、构配件、设备，监理人员应拒绝签认，并应签发监理工程师通知单，书面通知施工单位限期将不合格的工程材料、构配件、设备撤出现场。

（3）技术复核

对于涉及施工作业技术活动基准和依据的技术工作，都应该严格进行专人负责的复核性检查，以避免基准失误给整个工程质量带来难以补救的或全局性的危害。技术复核是承包单位应履行的技术工作责任，其复核结果应报送监理工程师复验确认后才能进行后续项目的施工。施工过程中，监理工程师特别要对施工测量放线成果进行复核。

（4）工程变更的监控

任何一个工程项目在施工过程中均不可能避免工程变更情况的发生，变更处理不当可能达不到预期的愿望和效果，甚至会影响到质量目标控制效果。监理工程师应持十分谨慎的态度，全面考虑。详见本书第7.5节内容。

（5）质量记录资料的监控

质量资料是施工单位进行施工期间实施质量控制活动的记录，还包括监理工程师对这些质量控制活动的意见及施工单位对这些意见的答复，它详细记录了工程施工阶段质量控制活动的全过程。监理工程师应要求施工单位记录施工质量资料时做到真实、齐全、完整，相关各方人员的签字齐备、字迹清楚、结论明确，与施工过程进展同步。在施工质量验收时，如缺少资料或资料不全，监理工程师应拒绝验收。

（6）工地例会

工地例会是施工过程中参建各方沟通情况、解决分歧、形成共识、做出决定的主要方式。通过工地例会，监理工程师检查分析施工过程的质量状况，指出存在的问题，承包单位提出整改措施并做出相应的保证。详见本书第8.3节内容。

（7）停、复工令的应用

根据委托监理合同中建设单位对监理工程师的授权，总监理工程师有权行使质量控制权，下达停工令；经监理工程师现场复查，认为已符合继续施工的条件，造成停工的原因确已消失，总监理工程师应及时签署工程复工令。应注意的是：总监理工程师下达停工指令及复工指令应事先向建设单位报告。详见本书第7.5节内容。

5）质量验收

验收，是指建筑工程在施工单位自行质量检查评定的基础上，参与建设活动的有关单位共同对检验批、分项、分部、单位工程的质量进行抽样复验，根据相关标准以书面形式对工程质量达到合格与否做出确认。

质量验收可以分为隐蔽工程验收、中间验收和竣工验收三类。隐蔽工程验收，是指将被其后工程施工所隐蔽的分项、分部工程，在隐蔽前所进行的检查验收；中间验收，是指在施工合同的专用条款中约定的施工过程中间验收部位。

（1）隐蔽工程验收、中间验收的程序

① 施工活动结束，应先由施工单位按规定进行自检。

② 自检合格后与下一道工序的施工人员交接检查。

③ 如交接检查满足要求则由施工单位专职质检员进行检查。

④ 以上自检、交检、专检均符合要求后，由施工单位向监理机构提交"_____报验申请表"（A4）。

⑤ 监理工程师收到通知后，应在合同规定的时间内及时对其质量进行检查。

⑥ 专业监理工程师应对施工单位报送的分项工程质量验评资料进行审核，符合要求后予以签认；总监理工程师应组织监理人员对施工单位报送的分部工程和单位工程质量验评资料进行审核和现场检查，符合要求后予以签认。

（2）抓好施工单位的自检与专检

施工单位是施工质量的直接实施者和责任者，有责任保证施工质量合格。监理工程师的质量检查与验收是对施工单位施工活动质量的复核与确认，但决不能代替施工单位的自检,而且,监理工程师的检查必须是在施工单位自检合格的基础上进行的。专职质检员没有检查或检查不合格不能报监理工程师,否则监理工程师有权拒绝进行检查验收。监理工程师的质量监督与控制就是使承包单位建立起完善的质量自检体系并运转有效。

(3)重新检验和返工

① 重新检验。无论监理工程师是否参加验收,当其要求对已经隐蔽的工程重新检验时,施工单位应按要求进行剥离或开孔,并在检验后重新覆盖或修复。检验合格,建设单位承担由此发生的全部追加合同价款,赔偿承包人损失,并相应顺延工期。检验不合格,施工单位承担发生的全部费用,工期不予顺延。

② 返工。工程质量达不到约定标准的工程部分,监理工程师一经发现,可要求施工单位拆除和重新施工,直到符合约定标准。因施工单位原因达不到约定标准,由施工单位承担拆除和重新施工的费用,工期不予顺延。

经过监理工程师检查验收合格后,又发现因施工单位原因出现的质量不满足约定标准时,仍由施工单位承担责任,赔偿建设单位的直接损失,工期不应顺延。

(4)质量验收的主要检验方法

① 目测法,即凭借感官进行检查。采用看、摸、敲、照等手法。

②量测法,即利用量测工具或计量仪表,通过实际量测结果与规定的质量标准或规范的要求相对照,从而判断质量是否符合要求。可采用靠、吊、量、套等手法。

③试验法,即通过进行现场试验或试验室试验等理化试验手段取得数据,分析判断质量情况,包括理化试验、无损测试或检验。

(5)竣工验收的质量控制

竣工验收是建设工程质量控制的最后一个环节,通过对工程建设最终产品的质量把关验收,以确保达到建设单位所要求的功能和使用价值。竣工验收分为两个阶段:竣工预验收和竣工验收。

在单位工程完工后或单项工程完成后,施工单位应先进行竣工自检,自检合格后,向项目监理机构提交"工程竣工报验单"(A10)。

总监理工程师应组织专业监理工程师,依据有关法律、法规、工程建设强制性标准、设计文件及施工合同,对施工单位报送的竣工资料进行审查,并对工程质量进行竣工预验收。

对存在的问题,应及时要求承包单位整改。整改完毕,由总监理工程师签署工程竣工报验单,并应在此基础上提出工程质量评估报告。工程质量评估报告应经总监理工程师和监理单位技术负责人审核签字。

项目监理机构应参加由建设单位组织的竣工验收,并提供相关监理资料。工程质量符合要求,由总监理工程师会同参加验收的各方签署竣工验收报告。

6)质量控制的手段与方法

(1)审核技术文件、报告和报表。如审查承包单位的技术文件、审核作业指导书、审批开工报告、审批施工组织设计等。

(2)指令文件与一般管理文件。

① 指令文件是表达监理工程师对施工单位提出指示或命令的书面文件,属于强制性执行的文件,是监理工程师运用质量控制权的具体形式。指令文件一般均以"监理工程师通知单"(B1)的方式下达。开工指令、工程暂停指令及工程恢复施工指令也属于指令

文件。

②一般管理文件,如备忘录、会议纪要等。主要是对施工单位工作状态和行为提出建议、希望和劝阻等,不属于强制性要求执行的,仅供施工单位自主决策参考。

(3)应用支付手段控制。这是国际上较通用的一种重要的控制手段,也是建设单位或合同中赋予监理工程师的支付控制权。

(4)现场监理的方法。

①旁站,是指在关键部位或关键工序施工过程中,由监理人员在现场进行的监督活动。

②巡视,是指监理人员对正在施工的部位或工序在现场进行的定期或不定期的监督活动。

③平行检验,是指项目监理机构利用一定的检查或检测手段,在承包单位自检的基础上,按照一定的比例独立进行检查或检测的活动。它是监理工程师对施工质量进行验收,作出自己独立判断的重要依据之一,在技术复核及复验工作中采用。

6.2.3 质量控制的特殊问题

1)对建设工程质量实行三重控制

(1)实施者自身的质量控制,这是从产品生产者的角度进行的质量控制。

(2)政府对工程质量的监督,这是从社会公众角度进行的质量控制。

(3)监理单位的质量控制,这是从建设单位或者是从产品需求者角度进行的质量控制。

对于建设工程质量,加强政府的质量监督和监理企业的质量控制是非常必要的,但决不能因此而淡化或弱化实施者自身的质量控制。

2)工程质量事故处理

工程质量事故在建设工程实施过程中具有多发性特点。在监理工作中,要尽可能做到主动控制、事前控制,从设计、施工以及材料和设备供应等多方面入手,特别是要加强工程实施者自身的质量控制,把减少和杜绝工程质量事故的具体措施落实到工程实施过程中,落实到每一道工序中。

6.3 建设工程进度控制

6.3.1 建设工程进度控制概述

1)建设工程进度控制的概念

建设工程进度控制指将工程项目建设各阶段的工作内容、工作程序、持续时间和衔接关系,根据进度总目标及优化资源的原则编制进度计划并付诸实施。在实施过程中,经常检查实际进度是否按计划要求进行,对出现的偏差分析原因,采取补救措施或调整、修改原计划后再付诸实施。如此循环,直到建设工程竣工验收交付使用。

建设工程进度控制的最终目的是确保建设项目按预定的时间动用或提前交付使用,建设工程进度控制的总目标是建设工期。

2）建设工程进度控制的原理

进度控制必须遵循动态控制原理,在计划执行中不断检查,并将实际状况与计划安排进行对比,在分析偏差及其产生原因的基础上,通过采取纠偏措施,使之能正常实施。如采取措施后不能维持原计划,则需要对原进度计划调整或修正后再按新的进度计划实施。

建设工程进度控制的基本原理可以概括为三大系统的相互作用,即进度计划系统、进度监测系统和进度调整系统共同构成了进度控制的基本过程。

3）影响建设工程进度的因素

监理工程师应在施工进度计划实施之前对影响工程施工进度的因素进行分析,以实现对施工进度的主动控制。

（1）建设单位因素。如建设单位使用要求改变而进行设计变更等。

（2）勘察设计因素。如勘察资料不准确、设计内容不完善等。

（3）施工技术因素。如施工工艺错误、不合理的施工方案等。

（4）自然环境因素。如复杂的工程地质条件、不明的水文气象条件等。

（5）社会环境因素。如临时停水、停电、断路等。

（6）组织管理因素。如向有关部门提出各种申请审批手续的延误等。

（7）材料、设备因素。如施工设备不配套、选型失当、安装失误等。

6.3.2 建设工程进度计划系统

1）进度计划的编制方法

进度计划的编制方法包括横道图进度计划、网络图进度计划两种方法。

（1）横道图进度计划法

横道图进度计划法是一种传统方法,它的横坐标是时间标尺,各工程活动(工作)的进度示线与之相对应,这种表达方式简便直观、易于管理使用,依据它直接进行统计计算可以得到资源需要量计划。其基本形式如图 6-3 所示。

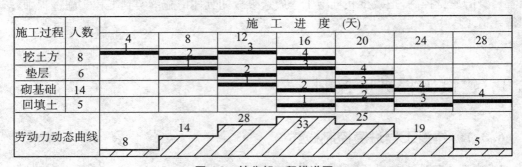

图 6-3 某分部工程横道图

横道图一般适用于一些简单的小项目,或是工作划分范围很大的总进度计划,也适用于工程活动及其相互关系还分析不很清楚的项目初期的总体计划。

（2）网络图进度计划法

网络图是由箭线和节点组成的,表示工作流程的网状图形。这种利用网络图的形式来表达各项工作的相互制约和相互依赖关系,并标注时间参数,用以编制计划、控制进度、优化管理的方法,统称为网络计划技术。

我国目前较多使用的是双代号网络计划。双代号网络图是以箭线及两端节点的编号表示工作的网络图,如图6-4所示。

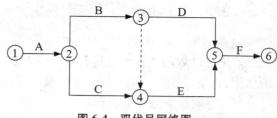

图6-4 双代号网络图

2)进度计划系统的构成

(1)建设单位的计划系统

① 工程项目前期工作计划。是指对工程项目可行性研究、项目评估及初步设计的工作进度安排,它使工程项目前期决策阶段各项工作的时间得到控制。

② 工程项目建设总进度计划。主要是安排各单位工程的建设进度,合理分配年度投资,组织各方面的协作,保证初步设计所确定的各项任务的完成。

③ 工程项目年度计划。该计划根据分批配套投产或交付使用的要求,合理安排本年度建设的工程项目。

(2)监理企业的计划系统

监理企业除了对被监理单位的进度计划进行监控外,自己也应编制有关进度计划,以便更有效地控制建设工程实施进度。

① 监理总进度计划。是对建设工程进度控制总目标进行规划,明确建设工程前期准备、设计、施工、动用前准备及项目动用等各个阶段的进度安排。

② 监理总进度分解计划。按工程进展阶段可分解为:设计准备阶段进度计划、设计阶段进度计划、施工阶段进度计划、动用前准备阶段进度计划;按时间可分解为年度进度计划、季度进度计划、月度进度计划。

(3)设计单位的计划系统

① 设计总进度计划。主要用于安排自设计准备到施工图设计完成的全过程中,各个具体阶段的开始、完成时间。

② 阶段性进度计划。主要用于控制设计准备、初步设计、施工图设计等阶段的设计进度及时间要求。

③ 专业性设计进度计划。主要用于控制建筑、结构、给排水等各专业的设计进度及时间要求。

(4)施工单位的进度计划系统

① 施工准备工作计划。主要任务是为建设工程的施工创造必要的技术和物资条件,统筹安排施工力量和施工现场。

② 施工总进度计划。根据施工部署中施工方案和工程项目的开展程序,对全工地所有单位工程作出时间上的安排。

③ 单位工程施工进度计划。主要是对单位工程中的各施工过程作出时间和空间上的安排。

④ 分部分项工程进度计划。是针对工程量较大或施工技术比较复杂的分部分项工程,对其各施工过程所作出的时间安排。

6.3.3 工程项目进度监测系统

1) 进度计划执行中的跟踪检查

对进度计划的执行情况进行跟踪检查是计划执行信息的主要来源，是进度分析和调整的依据，也是进度控制的关键步骤。监理工程师应做好以下三个方面的工作：

（1）定期收集进度报表资料

进度报表是反映工程实际进度的主要方式之一。进度计划执行单位应按照进度控制工作制度规定的时间和报表内容定期填写进度报表。监理工程师通过收集进度报表资料掌握工程实际进展情况。

（2）现场实地检查工程进展情况

监理工程师随时对现场施工进度实际执行情况的检查，可以掌握实际进度的第一手资料，使获取的数据更加及时、准确。

（3）定期召开现场会议

定期召开现场会议，监理工程师通过与进度计划执行单位的有关人员面对面的交谈，既可以了解工程实际进度状况，同时也可以协调有关方面的进度关系。

2) 实际进度数据的加工处理

为了进行实际进度与计划进度的比较，必须对收集到的实际进度数据进行加工处理，形成与计划进度具有可比性的数据。

3) 实际进度与计划进度的对比分析

将实际进度数据与计划进度数据进行比较，可以确定建设工程实际执行状况与计划目标之间的差距。主要有横道图比较法、S曲线比较法、香蕉曲线比较法、前锋线法等，通过比较发现偏差，以便调整或修改计划，保证进度目标的实现。

6.3.4 工程项目进度调整系统

1) 进度调整系统过程

（1）分析进度偏差产生的原因

通过实际进度与计划进度的比较，发现进度偏差时，为了采取有效措施调整进度计划，必须深入现场进行调查，分析产生进度偏差的原因。

（2）分析进度偏差对后续工作和总工期的影响

某工作进度偏差的影响分析方法主要是利用网络计划中工作总时差和自由时差的概念进行判断：若偏差大于总时差，则对总工期有影响；若偏差未超过总时差而大于自由时差，对总工期无影响，只对后续工作的最早开始时间有影响；若偏差小于该工作的自由时差，则对进度计划无任何影响。如果检查周期比较长，期间完成的工作比较多且有不符合计划情况时，往往需要对网络计划做全面的分析才能知道总的影响结果。通过以上分析以确定是否应采取措施调整进度计划。

（3）确定后续工作和总工期的限制条件

当出现的进度偏差影响到后续工作或总工期而需要采取进度调整措施时，应当首先确定可调整进度的范围，主要指关键节点、后续工作的限制条件及总工期允许变化的范围。这些限制条件往往与合同条件有关，需要认真分析后确定。

（4）采取措施调整进度计划

采用进度调整措施，应以后续工作和总工期的限制条件为依据，确保要求的进度目标得以实现。

（5）实施调整后的进度计划

进度计划调整之后，应采取相应的组织、经济、技术措施执行它，并继续监测其执行情况。

2）进度计划调整方法

进度计划的调整是利用网络计划的关键线路进行的。

（1）关键工作持续时间的缩短，可以减小关键线路的长度，即可以缩短工期，要有目的地去压缩那些能缩短工期的某些关键工作的持续时间，解决此类问题往往要求综合考虑压缩关键工作的持续时间对质量、安全的影响，对资源需求的增加程度等多种因素，从而对关键工作进行排序，优先压缩排序靠前，即综合影响小的工作的持续时间。这种方法的实质是工期优化。

（2）如果通过工期优化还不能满足工期要求时，必须调整原来的技术或组织方法，即改变某些工作间的逻辑关系。例如，从组织上可以把依次进行的工作改变为平行或互相搭接的以及分成几个施工区（段）进行流水施工的工作，都可以达到缩短工期的目的。

（3）若遇非承包人原因引起的工期延误，如果要求其赶工，一般都会引起投资额度的增加。在保证工期目标的前提下，如何使相应追加费用的数额最小呢？关键线路上的关键工作有若干个，在压缩它们持续时间上显然也有一个次序排列的问题需要解决，其实质就是"工期—费用"优化。

6.3.5 施工进度控制

1）进度目标的确定

在确定施工进度控制目标时，必须结合土木工程产品及其生产的特点，全面细致地分析与本工程项目进度有关的各种有利因素和不利因素，以便能制定出一个科学合理的、切合实际的进度控制目标。

确定施工进度控制目标的主要依据有施工合同的工期要求、工期定额及类似工程的实际进度、工程难易程度和施工条件的落实情况等。

另外，还要考虑以下几个方面的问题：

（1）对于建筑群及大型工程建筑项目，应根据尽早投入使用、尽快发挥投资效益的原则，集中力量分期分批配套建设。

（2）科学合理地安排施工顺序。在同一场地上不同工种交叉作业，其施工的先后顺序反映了施工工艺的客观要求，而平行交叉作业则反映了人们争取时间的主观努力。施工顺序的科学、合理，能够使施工在时空上得到统筹安排，流水施工是理想的生产组织方式。

（3）参考同类工程建设的经验，结合本工程的特点和施工条件，制定切合实际的施工进度目标。避免制定进度时的主观盲目性，消除实施过程中的进度失控现象。

（4）做好资源配置工作。施工过程就是一个资源消耗的过程，一旦进度确定，则资源供应能力必须满足进度的需要。技术、人力、材料、机械设备、资金统称为资源（生产要素），即5M。

（5）土木工程的实施具有很强的综合性和复杂性，应考虑外部协作条件的配合情况。包括施工过程中及项目竣工动用所需的水、电、气、通信、道路及其他社会服务对项目的满足程度和满足时间,都必须与工程项目的进度目标相协调。

(6) 因为工程项目建设大多是露天作业,以及建设地点的固定性,所以应考虑工程项目建设地点的气象、地形、地质、水文等自然条件的限制。

2) 施工进度控制的监理工作

监理工程师对工程项目的施工进度控制从审核承包单位提交的施工进度计划开始,直至工程项目保修期满为止,其工作内容主要有以下几个方面:

(1) 编制施工阶段进度控制工作细则

施工阶段进度控制工作细则是在建设工程监理规划的指导下编制的更具有实施性和操作性的监理业务文件,是对建设工程监理规划中有关进度控制内容的进一步深化和补充。主要内容包括:

① 施工进度控制目标分解图。

② 施工进度控制的主要工作内容和深度。

③ 进度控制人员的职责分工。

④ 与进度控制有关的各项工作的时间安排及工作流程。

⑤ 进度控制的方法(包括进度检查周期、数据采集方式、进度报表格式、统计分析方法等)。

⑥ 进度控制的具体措施(包括组织措施、技术措施、经济措施和合同措施等)。

⑦ 施工进度控制目标实现的风险分析。

⑧ 尚待解决的有关问题。

(2) 编制或审核施工进度计划

若业主采取分期分批发包,没有一个负责全部工程的总承包单位时,监理工程师就要负责编制施工总进度计划;或者当工程项目由若干个承包单位平均承包时,监理工程师也有必要编制施工总进度计划。当工程项目有总承包单位时,监理工程师只需对总承包单位提交的工程总进度计划进行审核即可。审核的主要内容有:

① 进度计划是否符合施工合同中开竣工日期的规定。

② 进度计划中的主要工程项目是否有遗漏,分期施工是否满足分批动用的需要和配套动用的要求。

③ 施工顺序的安排是否符合施工工艺的要求。

④ 劳动力、材料、构配件、设备及施工机具、水、电等生产要素供应计划是否能保证施工进度计划的需要,供应是否均衡。

⑤ 总包、分包单位分别编制的各项单位工程施工进度计划之间是否相协调,专业分工与计划衔接是否明确合理。

⑥ 对于建设单位负责提供的施工条件(包括资金、施工图纸、施工场地、采供的物资等),在施工进度中安排得是否明确、合理,是否有造成因建设单位违约而导致工程延期和费用索赔的可能性。

如果监理工程师在审核施工进度计划的过程中发现问题,应及时向承包单位提出书面修改意见,并协助承包单位修改,其中重大问题应及时向业主汇报。

编制和实施施工进度计划是施工单位的责任。施工单位之所以将施工进度计划提交给监理工程师审查,是为了听取监理工程师的建设性意见。因此,监理工程师对施工进度计划的审查或批准,并不解除施工单位对施工进度计划的任何责任和义务。对于监理工程师来讲,如果强制性干预施工单位的进度安排或支配施工中所需劳动力、设备和材料,将是一种错误的行为。

尽管施工单位向监理工程师提交施工进度计划是为了听取建设性意见,但施工进度计划一经监理工程师确认,即应当视为合同文件的组成部分,它是以后处理施工单位提出的工程延期或费用索赔的一个重要依据。

(3) 下达工程开工令

工程开工令的发布要尽可能及时,因为从发布工程开工令之日算起,加上合同工期后即为工程竣工日期。如果开工令发布拖延,就等于推迟了竣工时间,甚至可能引起施工单位的索赔。

(4) 协助施工单位实施进度计划,并监督实施

监理工程师不仅要及时检查施工单位报送的施工进度报表和分析资料,同时还要进行必要的现场实地检查,核实所报送的已完成的项目时间及工程量,杜绝虚假现象。

在对工程实际进度资料进行整理的基础上,监理工程师应将其与计划进度相比较,以判定实际进度是否出现偏差。如果出现偏差,监理工程师应进一步分析偏差对进度控制目标的影响程度及其产生的原因,以便研究对策、提出纠偏措施建议,必要时还应对后期工程进度计划做适当的调整,计划调整要及时有效。

(5) 组织现场协调会

监理工程师应每月、每周定期组织召开不同层次的现场协调会议,以解决工程施工过程中的相互协调配合问题。对于某些未曾预料的突发变故或问题,监理工程师还可以发布紧急协调指令,督促有关单位采取应急措施维护工程施工的正常秩序。

(6) 签发工程进度款支付凭证

监理工程师应对施工单位申报的已完分项工程量进行核实,在其质量检查验收合格后签发工程进度款支付凭证。

(7) 审批工程延期

监理工程师对于施工进度的拖延是否批准为工程延期,对施工单位和建设单位都十分重要。如果施工单位得到监理工程师批准的工程延期,不仅可以不赔偿由于工期延长而支付的误期损失费,而且可以要求建设单位承担由于工期延长所增加的费用。因此,监理工程师应按照合同的有关规定,公正、合理地确认。

(8) 向建设单位提供进度报告

(9) 审批竣工申请报告,协助组织竣工验收

(10) 整理工程进度资料、工程移交

在工程完工以后,监理工程师应将工程进度资料收集起来,进行分类、编目和建档,以便为今后其他类似工程项目进度控制提供参考。

监理工程师应督促施工单位办理工程移交手续。

6.4 建设工程投资控制

6.4.1 建设工程投资控制概述

1) 建设工程投资的概念

建设工程投资，一般是指进行某项建设工程所花费的全部费用。生产性建设工程总投资包括建设投资和铺底流动资金两部分；非生产性建设工程投资则只包括建设投资。

建设投资由以下部分组成：

(1) 设备工器具购置费用，通常称为积极投资。

(2) 建筑安装工程费用：是指建设单位用于建筑和安装工程方面的投资。

(3) 工程建设其他费用：除设备工器具购置费用和建筑安装工程费用以外的，为保证工程建设顺利完成和交付使用后能够正常发挥效用而发生的各项费用。

(4) 预备费：包括基本预备费和涨价预备费。

(5) 建设期贷款利息和固定资产投资方向调节税。

流动资产投资指生产经营性项目投产后，为正常生产运营，用于购买材料、燃料、支付工资及其他经营费用所需的周转资金。

2) 建设工程投资控制概念

建设工程投资控制，就是在投资决策阶段、设计阶段、发包阶段、施工阶段以及竣工验收阶段，把建设工程投资控制在批准的投资限额以内，随时纠正发生的偏差，以保证项目投资管理目标的实现，以求在建设工程中能合理使用人力、物力、财力，取得较好的投资效益和社会效益。

建设工程投资控制的目标，就是在建设项目的实施阶段，通过投资规划与动态控制，将实际发生的投资额控制在投资的计划值以内，以使建设项目的投资目标尽可能实现。

建设工程投资控制不是单一的目标控制。控制项目投资目标，必须兼顾质量目标和进度目标，在保证质量、进度合理的前提下，把实际投资控制在目标值以内。

3) 监理工程师在投资控制中的作用

通过监理工程师实施的投资控制工作，使建设项目各阶段投资控制工作始终处于受控状态。在建设项目实施的各个阶段，有效控制投资，合理地处理投资过程中索赔与反索赔事件，以取得令人满意的效果。

具体而言，就是可行性研究阶段确定的投资估算额控制在建设单位投资机会、投资意向设定的范围内；设计概算是技术设计和施工图设计的项目投资控制目标，不得突破投资估算；建安工程承包合同价是施工阶段控制建安工程投资的目标，施工阶段投资额不得突破合同价。在不同的建设阶段将其相应的投资额控制在规定的投资目标限额内。

4) 监理工程师在投资控制中的任务

(1) 在建设前期的决策阶段，是对拟建项目进行可行性研究报告的编制和审查，进行投资估算的确定和控制，进行项目财务评价和国民经济评价。

(2) 在设计阶段，是通过收集类似建设工程投资数据和资料，并考虑拟设计项目具体情况,协助建设单位制定建设工程投资目标规划,开展技术经济分析等活动,协助和配合设计单位使设计方案投资合理化;审核设计概、预算,提出改进意见,优化设计,满足建设单位对建设工程投资的经济性要求,做到概算不超估算,预算不超概算。

(3) 在施工招投标阶段,就是通过协助建设单位编制招标文件及合理制定标底价,使工程建设施工发包的期望价格合理化。协助建设单位对投标单位进行资格审查,协助建设单位进行开标、评标、定标,最终选择最优秀的施工承包单位,通过选择完成施工任务的主体,进而达到对投资的有效控制。

(4) 在施工阶段,是通过工程付款控制、工程变更费用控制、预防并处理好费用索赔、挖掘节约投资潜力来努力实现实际发生的投资费用不超过计划投资费用。

(5) 在竣工验收、交付使用阶段,是合理控制工程尾款的支付,处理好质量保修金的扣留及合理使用,协助建设单位做好建设项目后评估。

6.4.2 施工阶段的投资控制

1) 投资控制原理

在施工阶段,监理工程师进行投资控制的基本原理是动态原理,即把计划投资额作为投资控制的目标值,在工程施工过程中定期的进行投资实际值与目标值的比较,通过比较发现并找出实际支出额与投资控制目标值之间的偏差,然后分析产生偏差的原因,并采取有效措施加以控制,以保证投资控制目标的实现。施工阶段投资控制应包括从工程项目开工直到竣工验收的全过程。

2) 确定投资控制目标,编制资金使用计划

(1) 投资控制的目的是为了确保投资目标的实现。因此,监理工程师必须编制资金使用计划,合理地确定投资控制目标值,包括投资的总目标值、分目标值、各详细目标值。

(2) 资金使用计划的编制方法有:

① 按项目结构划分编制资金使用计划,其内容有:工程分项编码、工程内容、工程量单位、工程数量、计划综合单价、计划资金需要量等。

② 按时间进度编制资金使用计划,其表达形式有多种,其中资金需要量曲线和资金累计曲线(S形曲线)较常见。

3) 投资对比、纠偏

专业监理工程师应及时建立月完成工程量和工作量统计表,对实际完成量与计划完成量进行比较、分析,定期的将实际投资与计划投资(或合同价)做比较,发现投资偏差,计算投资偏差,分析投资偏差产生的原因,制定调整措施,并应在监理月报中向建设单位报告。

(1) 投资偏差的概念

投资偏差是指投资计划值与实际值之间存在的差异,即:

投资偏差＝已完工程实际投资－已完工程计划投资
＝已完工程量×实际单价－已完工程量×计划单价

上式中结果为正表示投资增加,结果为负表示投资节约。需要注意的是,与投资偏差密切相关的是进度偏差,为此,在进行投资偏差分析时往往同时进行进度偏差计算分析。

进度偏差＝已完工程实际时间－已完工程计划时间
＝拟完工程计划投资－已完工程计划投资

＝拟完工程量×计划单价－已完工程量×计划单价

进度偏差为正值时,表示工期拖延;结果为负值时,表示工期提前。

(2) 偏差原因分析

① 客观原因,包括人工费涨价、材料费涨价、自然因素、地基因素、交通原因、社会原因、法规变化等。

② 建设单位原因,包括投资规划不当、组织不落实、建设手续不齐备、未及时付款、协调不佳等。

③ 设计原因,包括设计错误或缺陷、设计标准变更、图纸提供不及时、结构变更等。

④ 施工原因,包括施工组织设计不合理、质量事故、进度安排不当等。

(3) 纠偏

从偏差产生的原因看,由于客观原因是无法避免的,施工原因造成的损失由施工承包单位自己负责。因此,监理工程师投资纠偏的主要对象是由建设单位原因和设计原因造成的投资偏差。

4) 投资控制的措施

(1) 组织措施。在项目监理组织机构中落实投资控制的人员、任务分工和职能分工、权利和责任;编制施工阶段投资控制工作计划和详细的工作流程图。

(2) 技术措施。对设计变更进行技术经济比较,严格控制设计变更;继续寻找建设设计方案挖潜节约投资的可能性;审核施工承包单位编制的施工组织设计,对主要施工方案进行技术经济分析比较。

(3) 经济措施。编制资金使用计划,确定、分解投资控制目标;进行工程计量;复核工程付款账单,签发付款证书;对工程实施过程中的投资支出做出分析与预测,定期或不定期地向建设单位提交项目投资控制存在问题的报告;在工程实施过程中进行投资跟踪控制,定期进行投资实际值与计划值的比较,若发现偏差,分析产生偏差的原因,采取纠偏措施。

(4) 合同措施。做好建设项目实施阶段质量、进度等控制工作,掌握工程项目实施情况,为正确处理可能发生的索赔事件提供依据,参与处理索赔事宜,参与合同管理工作,协助建设单位合同变更管理,并充分考虑合同变更对投资的影响。

6.4.3 投资控制中监理工作的主要内容

1) 工程计量

(1) 工程计量的概念

工程计量是指根据设计文件及承包合同中关于工程量计算的规定,项目监理机构对施工单位申报的已完成工程量进行的核验。

合同条件中明确规定工程量表中开列的工程量是该工程的估算工程量,不能作为施工单位应予完成的实际和确切的工程量,不能作为结算工程款的依据,必须通过项目监理机构对已完工程进行计量。

(2) 工程计量的依据

① 质量合格证书。对于施工单位已完工程并不是全部进行计量,而是只有质量达到合同标准的已完工程才予以计量。

② 工程量清单前言和技术规范。工程量清单前言和技术规范的"计量支付"条款规定

了清单中每一项工程的计量方法,同时还规定了按规定的计量方法确定的单价所包括的工作内容和范围。

③ 设计图纸。计量的几何尺寸要以设计图纸为依据,监理工程师对施工单位超出设计图纸要求而增加的工程量和自身原因造成返工的工程量不予计量。

(3) 工程计量、工程款支付程序

① 施工单位统计经专业监理工程师质量验收合格的工程量,按施工合同的约定填报工程量清单和工程款支付申请表。

② 专业监理工程师进行现场计量,按施工合同的约定审核工程量清单和工程款支付申请表,并报总监理工程师审定。

③ 总监理工程师签署工程款支付证书,并报建设单位。

④ 未经监理人员质量验收合格的工程量或不符合规定的工程量,监理人员应拒绝计量,拒绝该部分的工程款支付申请。

2) 工程变更、索赔控制

(1) 工程变更控制

项目监理机构对工程变更的管理详见本书第7.5节。因非施工单位原因导致的工程变更,对应的综合单价的确定方法有:①合同中已有适用的综合单价,按合同中已有的综合单价确定;②合同中有类似的综合单价,参照类似的综合单价确定;③合同中没有适用或类似的综合单价,由施工单位提出综合单价,经建设单位确认后执行。

(2) 索赔控制

项目监理机构对索赔的管理详见本书第7.5节。科学、合理地处理索赔事件,是施工阶段监理工程师的重要工作。监理工程师应及时收集、整理有关的施工和监理资料,为处理费用索赔提供证据。监理工程师应加强主动控制,尽量减少索赔,及时、合理地处理索赔,保证投资支出的合理性。

3) 工程结算

(1) 结算方式

① 按月结算与支付。即实行按月支付进度款,竣工后结算的办法。

② 分段结算与支付。即当年开工、当年不能竣工的工程按照工程形象进度,划分不同阶段,支付工程进度款。

(2) 工程进度款

《建设工程施工合同(示范文本)》中关于工程款的支付作出了相应的约定:"在确认计量结果后14天内,发包人应向承包人支付工程款(进度款)。""发包人超过约定的支付时间不支付工程款(进度款),承包人可向发包人发出要求付款的通知,发包人收到承包人通知后仍不能按要求付款,可与承包人协商签订延期付款协议,经承包人同意后可延期支付。协议应明确延期支付的时间和从计量结果确认后第15天起应付款的贷款利息。""发包人不按合同约定支付工程款(进度款),双方又未达成延期付款协议,导致施工无法进行,承包人可停止施工,由发包人承担违约责任。"

(3) 竣工结算

① 工程竣工结算是指施工单位按照合同规定的内容全部完成所承包的工程,经验收质量合格并符合合同要求之后,向建设单位进行最终工程价款结算。

② 工程竣工验收报告经建设单位认可后 28 天内,施工承包单位向建设单位递交竣工结算报告及完整的结算资料,双方按照协议书约定的合同价款及专用条款约定的合同价款调整内容,进行工程竣工结算。

③ 在竣工结算过程中,监理机构及其监理工程师的主要职责是:一方面,承发包双方之间的结算申请、报表、报告及确认等资料均通过监理机构传递,监理方起协调、督促作用;另一方面,施工承包单位向建设单位递交的竣工结算报表应由专业监理工程师审核,总监理工程师审定,由总监理工程师与建设单位、施工承包单位协商一致后,签发竣工结算文件和最终的工程款支付证书报建设单位。项目监理机构应及时按施工合同的有关规定进行竣工结算,并应对竣工结算的价款总额与建设单位和施工承包单位进行协商。

④ 对工程竣工结算的审查是竣工验收阶段监理工程师的一项重要工作。经审查核定的工程竣工结算是核定建设工程投资造价的依据,也是建设项目验收后编制竣工决算和核定新增固定资产价值的依据。监理工程师应严把竣工结算审核关。审查内容有:核对合同条款、检查隐蔽验收记录、落实设计变更签证、按图核实工程数量、认真核实单价、注意各项费用计取、防止各种计算误差。

复习思考题

1. 简述目标控制的概念及控制流程基本环节的主要内容。
2. 简述主动控制、被动控制概念及其相互关系。
3. 简述建设工程监理目标控制系统的主要内容。
4. 简述建设工程监理目标控制的措施。
5. 简述建设工程质量的概念及特点。
6. 简述监理工程师对施工组织设计的审查程序及基本要求。
7. 简述监理工程师重新检验和返工的主要内容。
8. 监理工程师质量控制的手段和方法有哪些?
9. 试述建设工程进度控制概念和基本原理。
10. 简述施工进度控制监理工作的主要内容。
11. 简述监理工程师在投资控制中的作用和任务。
12. 简述监理工程师对工程计量的管理。
13. 工程结算中监理工程师有哪些主要工作?

7　建设工程合同管理

本章提要：本章主要介绍了合同概念、内容及相关法律基础；建设工程监理委托合同示范文本简介；施工合同文件示范文本简介；监理工程师对合同的管理；FIDIC 条款的施工合同简介。

7.1　合同概述

7.1.1　合同的概念

《中华人民共和国合同法》(简称《合同法》)第二条对合同的定义为："合同是平等主体的自然人、法人、其他组织之间设立、变更、终止民事权利义务关系的协议"。

合同是双方(或多方)为实现某个目的进行合作而签订的协议，它是一种契约，旨在明确双方的责任、权利及经济利益的关系。

7.1.2　合同法律关系的构成

1) 合同法律关系的概念

合同法律关系是指由合同法律规范所调整的、在民事流转过程中所产生的权利义务关系。合同法律关系主体、合同法律关系客体、合同法律关系内容这三个要素构成了合同法律关系，缺少其中任何一个要素都不能构成合同法律关系，改变其中任何一个要素就改变了原来设定的法律关系。

2) 合同法律关系主体

合同法律关系主体，是指参加合同法律关系，依法享有相应权利、承担相应义务的当事人。包括以下种类：

(1) 自然人。是指基于出生而成为民事法律关系主体的有生命的人。作为合同法律关系主体的自然人必须具备相应的民事权利能力和民事行为能力。

(2) 法人。是指具有民事权利能力和民事行为能力，依法独立享有民事权利和承担民事义务的组织。法人是与自然人相对应的概念，是法律赋予社会组织具有人格的一项制度。

(3) 其他组织。是指依法成立、有一定的组织机构和财产，但又不具备法人资格的组织。其他组织与法人相比，其复杂性在于民事责任的承担较为复杂。

3) 合同法律关系的客体

合同法律关系的客体，是指参加合同法律关系的主体享有的权利和承担的义务所共同指向的对象。

(1) 物。是指可为人们控制，具有经济价值的生产资料和消费资料，可以分为动产和不动产、流通物和限制流通物、特定物与种类物等，如建筑材料、建筑设备等。货币作为一般等价物也是法律意义上的物。

（2）行为。是指人的有意识的活动,如勘察设计、施工安装等。

（3）智力成果。是指通过人的智力活动所创造出的精神成果,如专利权、商标权等。

4）合同法律关系的内容

合同法律关系的内容是指合同约定和法律规定的权利和义务。

（1）权利。是指合同法律关系主体在法定范围内,按照合同的约定有权按照自己的意志作出的某种行为。权利主体也可要求义务主体作出一定的行为或不作出一定的行为,以实现自己的有关权利。当权利受到侵害时,有权得到法律保护。

（2）义务。是指合同法律关系主体必须按法律规定或约定承担应负的责任。

7.1.3 代理与委托代理

1）代理的概念和特征

代理是代理人在代理权限内,以被代理人的名义实施的,其民事责任由被代理人承担的法律行为。代理有以下特征:

（1）代理人必须在代理权限范围内实施代理行为。

（2）代理人以被代理人的名义实施代理行为。

（3）代理人在被代理人的授权范围内独立地表现自己的意志。

（4）被代理人对代理行为承担民事责任。

2）委托代理

委托代理,是基于被代理人对代理人的委托授权行为而产生的代理。在建设工程中涉及的代理主要是委托代理,如项目经理作为施工企业的代理人、总监理工程师作为监理企业的代理人等。项目经理、总监理工程师作为施工企业、监理企业的代理人,应当在授权范围内行使代理权,超出授权范围的行为则应当由行为人自己承担。

7.1.4 合同的订立

合同的订立,是两个或两个以上当事人在平等自愿的基础上,就合同的主要条款经过协商取得一致意见,最终建立起合同关系的法律行为。

1）合同的形式

合同的形式是当事人意思表示一致的外在表现形式。合同形式一般有书面形式、口头形式和其他形式。口头形式是以口头语言形式表现合同内容的合同;书面合同形式是指合同采用合同书、信件和数据电文(包括电报、传真、电子数据交换和电子邮件)等可以有形地表现所载内容的形式;其他形式则包括公证、审批、登记等形式。建设工程合同应当采用书面形式。

2）合同内容

合同内容由当事人约定,一般包括下列条款:

（1）当事人的名称或者姓名和住所

合同主体是自然人时,其姓名是指经户籍登记管理机关核准登记的正式用名,其住所是指经常居住地;合同主体是法人、其他组织时,其名称是指经登记主管机关核准登记的名称,其住所是指主要营业地或者主要办事机构所在地。

（2）标的

标的是当事人双方权利和义务共同指向的对象，即合同法律关系的客体。标的的表现形式为物、劳务、行为、智力成果、工程项目等。如，建设工程合同的标的是工程建设项目；委托监理合同的标的是"监理服务"。

标的是合同核心，没有标的或标的不明确，必然导致合同无法履行，甚至产生纠纷。

（3）数量

数量是衡量合同标的多少的尺度，以数字和计量单位表示。数量必须严格按照国家规定的法定计量单位填写，以免当事人产生不同的理解。

（4）质量

质量是标的的内在品质和外观形态的综合指标，故合同中必须对标的物的质量做出准确而具体的约定。由于建设工程中的质量标准大多是强制性标准，当事人的约定不能低于这些强制性的标准。

（5）价款或酬金

价款或者报酬是当事人一方向交付标的的另一方支付的货币。合同中应写明结算和支付方法。如价款或者报酬在监理合同中体现为监理费，在施工合同中体现为工程款。

（6）履行的期限、地点、方式

履行的期限是当事人各方依据合同规定全面完成各自义务的时间。履行的地点是当事人交付标的和支付价款或酬金的地点。施工合同的履行地点是工程所在地。履行的方式是当事人完成合同规定义务的具体方法。履行的期限、地点和方式是确定合同当事人是否适当履行合同的依据。

（7）违约责任

合同的违约责任是指合同的当事人一方不履行合同义务或者履行合同义务不符合约定时所应当承担的民事责任。合同当事人违反合同或不按合同规定期限完成时，将受到违约罚款。违约罚款有违约金和赔偿金等。

（8）解决争议的方法

在合同履行过程中不可避免地会发生争议，为使争议发生后能够有一个双方都能接受的解决方法，应在合同中对此做出规定。合同争议的解决方式有和解、调解、仲裁、诉讼四种。

3）合同的成立

合同的成立，需要经过要约和承诺两个阶段。

要约是希望和他人订立合同的意思表示。提出要约的一方为要约人，接受要约的一方为受要约人。要约应当符合如下规定：内容具体确定；表明经受要约人承诺，要约人即受该意思表示约束。也就是说，要约必须是特定人的意思表示，必须是以缔结合同为目的，必须具备合同的一般条款。

承诺是受要约人同意要约的意思表示。承诺有以下规定：承诺必须由受要约人作出；承诺只能向要约人作出；承诺的内容应当与要约的内容一致；承诺必须在承诺期限内发出。如在建设工程合同的订立过程中，招标人发出中标通知书的行为是承诺。中标通知书必须由招标人向投标人发出，且其内容应当与招标文件、投标文件的内容一致。

如果法律要求必须具备一定形式和手续的合同，称为要式合同；反之，称为不要式合同。

不要式合同的成立是指合同当事人对合同的标的、数量等内容协商一致,如法律法规、当事人对合同的形式、程序没有特殊的要求,则承诺生效时合同成立,要约生效的地点为合同成立的地点。要式合同的成立是指自双方当事人签字或者盖章时合同成立。双方签字或者盖章的地点为合同成立的地点。

4)合同示范文本

合同示范文本是将各类合同的主要条款、式样等制定出规范的、指导性的文本,在全国范围内积极宣传和推广,引导当事人采用以实现合同签订的规范化。在建设工程领域,目前有《建设工程施工合同(示范文本)》、《建设工程设计合同(示范文本)》、《建设工程委托监理合同(示范文本)》。

7.1.5　合同生效与终止

1)合同生效应具备的条件

合同生效是指合同对双方当事人的法律约束力的开始。合同成立后,必须具备相应的法律条件才能生效,否则合同是无效的。合同生效应具备下列条件:

(1)当事人具有相应的民事权利能力和民事行为能力。

(2)意思表示真实。

(3)不违反法律或者社会公共利益。

2)合同终止的情形

合同权利义务的终止称为合同终止。按照《合同法》的规定,有下列情形之一的,合同的权利义务终止:

(1)债务已按照约定履行。

(2)合同解除。

(3)债务相互抵消。

(4)债务人依法将标的物提存。

(5)债权人免除债务。

(6)债权债务同归于一人。

(7)法律规定或者当事人约定终止的其他情形。

7.1.6　合同的履行、变更和转让

1)合同履行的基本原则

合同履行的基本原则主要是:全面履行原则;诚实信用原则;公平合理,促进合同履行原则;当事人一方不得擅自变更合同原则。

2)合同的变更

合同的变更是指合同成立以后,尚未履行或尚未完全履行之前,当事人就合同的内容达成的修改和补充协议。

合同变更必须针对有效的合同,变更合同的内容必须经过双方协商一致。合同变更后原合同债消灭,产生新的合同债,当事人不得再按原合同履行,必须按变更后的合同履行。

3)合同的转让

合同的转让是指合同的当事人依法将合同的权利和义务全部或部分地转让给第三人。

合同经合法转让后,原合同中转让人即退出原合同关系,受让人与原合同中转让人的对方当事人成为新的合同关系主体,对合同的权利、义务一起承担。合同转让后,转让人对受让人的义务不向其相对人负责。

7.1.7　合同纠纷的处理

对于合同纠纷的处理,通常有当事人自行协商解决、第三人调解、仲裁和诉讼四种方式。

1）协商

协商解决是指合同当事人在自愿互谅的基础上,按照法律和行政的规定,通过摆事实、讲道理解决纠纷的一种方法。自愿、平等、合法是协商解决的基本原则。这是解决合同纠纷最简单的一种方式。

2）调解

调解是在第三人主持下,通过劝说引导,在互谅互让的基础上达成协议、解决争端的一种方式。按照调解人的不同,调解可以分为民间调解、行政调解、仲裁调解和法院调解。

3）仲裁

当合同双方的争端经过双方协商和中间人调解等办法仍得不到解决时,可以提请仲裁机构进行仲裁,由仲裁机构作出具有法律约束力的裁决行为。

4）诉讼

凡是合同中没有订立仲裁条款,事后也没有达成书面仲裁协议的,当事人可以向法庭提起诉讼,由法院根据有关法律条文作出判决。

7.2　建设工程委托监理合同示范文本

建设部、国家工商行政管理局于 2000 年联合颁布了《建设工程委托监理合同(示范文本)》(GF—2000—0202),本节就以其中的主要内容进行简单介绍,其内容详见附录 1。

7.2.1　建设工程委托监理合同示范文本的组成

本示范文本由"建设工程委托监理合同"、"标准条件"、"专用条件"组成。

"建设工程委托监理合同"是一个总的协议,是纲领性文件。主要内容是当事人双方确认的委托监理工程概况、价款和酬金,合同签订、生效、完成时间,并表示双方愿意履行约定的各项义务,以及明确监理合同文件的组成。

监理合同除"合同"外还应包括:①中标函或委托函;②监理委托合同标准条件;③监理委托合同专用条件;④在实施过程中双方共同签署的补充与修正文件。

标准条件的内容涵盖了合同中所用词语定义,适用范围和法规,签约双方的责任、权利和义务,合同生效、变更与终止,监理报酬,争议解决以及其他一些情况。它是监理合同的通用文本,适用于各类工程建设监理委托,是所有签约工程都应遵守的基本条件。

由于标准条件适用于所有的工程建设监理委托,因此其中的某些条款规定的比较笼统,需要在签订具体工程项目的监理委托合同时,就地域特点、专业特点和委托监理项目的特点,对标准条件中的某些条款进行补充、修正。如对委托监理的工作内容而言,认为标准条件中的条款还不够全面,允许在专用条件中增加双方议定的条款内容。

所谓"补充"是指标准条件中的某些条款明确规定,在该条款确定的原则下,在专用条件的条款中进一步明确具体内容,使两个条件中相同序号的条款共同组成一条内容完备的条款。所谓"修正"是指标准条件中规定的程序方面的内容,如果双方认为不合适,可以协议修改。

7.2.2　建设工程委托监理合同示范文本的主要内容

1) 双方权利

(1) 委托人权利

① 授予监理人权限的权利。

② 对其他合同承包人的选定权,如选定工程总承包人,以及与其订立合同的权利。

③ 委托监理工程重大事项的决定权,如对工程规模、设计标准、规划设计、生产工艺设计和设计使用功能要求的认定权,以及对工程设计变更的审批权。

④ 对监理人履行合同的监督控制权,如监理人不得将所涉及的利益或规定义务转让给第三方。

⑤ 监理人调换总监理工程师需事先经委托人同意。

⑥ 发现监理人员不按监理合同履行监理职责,或与承包人串通给委托人或工程造成损失的,委托人有权要求监理人更换监理人员,直到解除合同并要求监理人承担相应的赔偿责任或连带赔偿责任。

(2) 监理人权利

① 完成监理任务后获得酬金的权利。

② 终止合同的权利,如由于委托人违约严重或拖欠应付给监理人的酬金,监理人可单方面提出终止合同,以保护自己的合法权益。

③ 建设工程有关事项和工程设计的建议权,工程建设有关事项包括工程规模、设计标准、规划设计、生产工艺设计和使用功能要求。

④ 对实施项目的质量、工期和费用的监督控制权,如工程上使用的材料和施工质量的检验权。

⑤ 未经总监理工程师签字确认,委托人不支付工程款。

⑥ 工程建设有关协作单位组织协调的主持权。

⑦ 在紧急情况下,为了工程和人身安全,尽管变更指令已超越了委托人授权而不能事先得到批准时,也有权发布变更指令,并应尽快通知委托人。

⑧ 审核承包人索赔的权利。

2) 双方的义务

(1) 委托人义务

① 委托人应负责建设工程所有外部关系的协调工作,满足开展监理工作所需提供的外部条件。

② 与监理人做好协调工作。委托人应当授权一名熟悉工程情况、能在规定时间内做出决定的常驻代表(在专用条款中约定)负责与监理人联系,更换常驻代表时要提前通知监

理人。

③ 委托人应当在专用条款约定的时间内就监理人书面提交并要求做出决定的一切事宜做出书面决定。

④ 为监理顺利履行合同义务,做好协助工作,如免费向监理人提供与工程有关的监理服务所需要的工程资料,免费向监理人提供合同专用条件约定的设备、设施、生活条件等。

(2) 监理人义务

① 监理人在履行合同的义务期间,应认真勤奋地工作,公正地维护有关方面的合法权益。

② 按合同约定派足人员从事监理工作。

③ 未征得有关方同意,不得泄露与本工程、合同业务有关的保密资料。

④ 监理工作完成或中止时,应将设施和剩余物品归还委托人。

⑤ 非经委托人书面同意,监理人及其职员不应接收委托监理合同约定外的与监理工程有关的报酬。

⑥ 监理人不得参与可能与合同规定的与委托人利益相冲突的任何活动。

⑦ 负责合同的协调管理工作。

7.3 建设工程委托监理合同的管理

7.3.1 建设工程委托监理合同概述

1) 建设工程委托监理合同的概念

"建设工程委托监理合同"简称"监理合同",是指工程建设单位聘请监理单位代其对工程项目进行管理,明确双方权利、义务的协议。建设单位称为委托人;监理单位称为受托人。

委托监理合同是监理工程师进行监理工作的准则和依据,更为重要的是,对监理合同管理的好坏将直接影响监理单位的经济利益。特别是在我国建设监理制度还不完善,监理取费普遍偏低的情况下,加强监理合同的管理尤为重要。

2) 建设工程委托监理合同的特征

(1) 监理合同的当事人双方应当是具有民事权利能力和民事行为能力、取得法人资格的企事业单位、其他社会组织,个人在法律允许范围内也可以成为合同当事人。作为委托人,必须是有国家批准的建设项目,落实投资计划的企事业单位、其他社会组织及个人;作为受托人,必须是依法成立的具有法人资格的监理单位,并且所承担的工程监理业务应与企业资质相符合。

(2) 监理合同的订立必须符合工程项目建设程序。

(3) 委托监理合同的标的是服务,工程建设实施阶段所签订的其他合同的标的物是产生新的物质或信息成果。即监理工程师凭借自己的知识、经验、技能受业主委托为其所签订的其他合同的履行实施监督和管理。因此,《中华人民共和国合同法》将监理合同划入委托合同的范畴。《合同法》第276条规定:"建设工程实施监理的,发包人应当与监理人采用书面形式订立委托监理合同。发包人与监理人的权利和义务以及法律责任,应当依照本法委托合同以及其他有关法律、行政法规的规定。"

7.3.2　监理合同管理

1）认真分析，准确理解合同条款

委托监理合同的签署过程中，双方都应认真注意，涉及合同的每一份文件都是双方在执行合同过程中对各自承担义务相互理解的基础。一旦出现争议，这些文件也是保护双方权利的法律基础。因此，一定要注意合同文字的准确、简练和清晰，每个措辞都应该经过双方充分讨论，以保证对工作范围、采取的工作方式方法以及双方对相互间的权利和义务确切理解。

2）必须坚持按法定程序签署合同

委托监理合同的签订，意味着委托代理关系的形成，委托方和被委托方的关系也将受到合同的约束。在合同签署过程中，要认真注意合同签订的有关法律问题，在必要时，双方可以聘请法律顾问，以便证实执行委托监理合同的各方面是适宜的。

3）重视往来函件的处理

往来函件包括业主的变更指令、认可信、答复信、关于工程的请示信件等。在监理合同洽商及执行过程中，合同双方通常会用一些函件来确认双方达成的某些口头协议，尽管它们不是具有约束力的正规合同文件，但可以帮助确认双方的关系，以及双方对项目相关问题理解的一致性，以免将来因分歧而否定口头协议。对业主的任何口头指令，要及时索取书面证据。监理工程师与业主要养成以信件或其他书面形式交往的习惯，这样会减少日后许多不必要的争执。对所有的函件都应建立索引存档保存，直到监理工作结束；对所有的回信也应复印留底，甚至信件和信封也要保存（因为信件通常以发出或收到之日起计算答复天数，而且以邮戳为准），以备待查。

4）严格控制合同的修改和变更

工程建设中难免出现不可预见的事项，因而经常会出现要求修改或变更合同内容的情况。特别是当出现需要改变服务范围和费用问题时，监理单位应该坚持要求修改合同，口头协议或者临时性交换函件等都是不可取的。可以采取正式文件、信件协议或委托单的方式对合同进行修改。如果变动范围太大，重新签订一个新的合同来取代原有的合同，对于双方来说都是好办法。不论采用什么办法，修改之处一定要便于执行，这是避免纠纷、节约时间和资金的需要。

5）加强合同风险管理

由于工程建设周期长、协作单位多、资金投入量大、技术要求严、市场制约性强等特点，使得项目实施的预期结果不易准确预测，风险及损失潜在压力大，因此，加强合同的风险管理是非常必要的。特别要慎重分析业主方面的有关风险，如业主的资金支付能力、诚信度等，应充分了解情况，在合同签订及合同执行过程中采取相应的对策，才能免受或少受损失，使建设监理工作得以顺利开展。

6）充分利用有效的法律服务

委托监理合同的法律性很强，监理单位必须配备这方面的专家，这样在准备标准合同格式、检查其他人提供的合同文件以及在合同的监督、执行过程中才不至于出现失误。

7.4 建设工程施工合同示范文本

7.4.1 建设工程施工合同示范文本简介

1) 合同示范文本的作用

因为施工合同的内容复杂、涉及面广,为了避免施工合同的编制者遗漏某些方面的重要条款,或条款约定责任不够公平合理,建设部和国家工商行政管理局联合颁布了《建设工程施工合同(示范文本)》(GF—1999—0201)(以下简称示范文本)。示范文本中的条款属于推荐使用,应结合具体工程的特点加以取舍、补充,最终形成责任明确、操作性强的合同。

2) 示范文本的组成

(1) 协议书。合同协议书是施工合同的总纲性法律文件。主要内容包括:工程概况、工程承包范围、合同工期、质量标准、合同价款、合同生效时间,并明确对双方有约束力的合同文件组成。

(2) 通用条款。主要内容包括词语定义及合同文件,双方一般权利和义务,施工组织设计和工期,质量与检验,安全施工,合同价款与支付,材料设备供应,工程变更,竣工验收与结算,违约、索赔和争议,其他十一个部分,共 47 个条款。通用条款在使用时不作任何改动,原文照搬。

(3) 专用条款。由于具体实施工程项目的工作内容各不相同,还必须有反映招标工程具体特点和要求的专用条款的约定。合同示范文本中"专用条款"部分只为当事人提供了编制具体合同时应包括内容的指南,需要当事人结合项目特点,针对通用条款的内容进行补充或修正,达到相同序号的通用条款和专用条款共同组成对某一方面问题内容完备的约定。

(4) 附件。包括"承包人承揽工程项目一览表"、"发包人供应材料设备一览表"、"房屋建筑工程质量保修书"三个标准化附件,如果具体项目的实施为包工包料承包,则可以不使用发包人供应材料设备表。

3) 合同文件的组成和解释顺序

除专用条款另有约定外,组成本合同的文件还包括:

(1) 本合同协议书。

(2) 中标通知书。

(3) 投标书及其附件。

(4) 本合同专用条款。

(5) 本合同通用条款。

(6) 标准、规范及有关技术文件。

(7) 图纸。

(8) 工程量清单。

(9) 工程报价单或预算书。

合同履行中,发包人和承包人有关工程的洽商、变更等书面协议或文件视为本合同的组成部分。

以上合同文件应能相互解释，互为说明。当合同文件内容含糊不清或不相一致时，上面各文件的序号就是合同的优先解释顺序。如双方不同意这种次序安排时，可以在专用条款中另行约定。

当合同文件出现矛盾或歧义时，在不影响工程正常进行的情况下，由发包人和承包人协商解决。双方也可以提请负责监理的工程师作出解释。双方协商不成或不同意负责监理的工程师的解释时，按合同中关于争议的约定处理。

7.4.2 示范文本中双方的一般权利和义务

1）发包人工作

（1）办理土地征用、拆迁补偿、平整施工场地等工作，使施工场地具备施工条件，在开工后继续负责解决以上事项遗留问题。

（2）将施工所需水、电、电讯线路从施工场地外部接至专用条款约定地点，保证施工期间的需要。

（3）开通施工场地与城乡公共道路的通道，以及专用条款约定的施工场地内的主要道路，满足施工运输的需要，保证施工期间的畅通。

（4）向承包人提供施工场地的工程地质和地下管线资料，对资料的真实性和准确性负责。

（5）办理施工许可证以及其他施工所需证件、批件和临时用地、停水、停电、中断道路交通、爆破作业等的申请批准手续（证明承包人自身资质的证件除外）。

（6）确定水准点与坐标控制点，以书面形式交给承包人，进行现场交验。

（7）组织承包人和设计单位进行图纸会审和设计交底。

（8）协调处理施工场地周围地下管线和邻近建筑物、构筑物（包括文物保护建筑）、古树名木的保护工作，承担有关费用。

（9）发包人应做的其他工作，双方在专用条款内约定。

发包人可以将以上部分工作委托承包人办理，双方在专用条款内约定，其费用由发包人承担。发包人未能履行以上各项义务，导致工期延误或给承包人造成损失的，发包人赔偿承包人有关损失，顺延延误的工期。

2）承包人工作

（1）根据发包人委托，在其设计资质等级和业务允许的范围内，完成施工图设计或与工程配套的设计，经工程师确认后使用，发包人承担由此发生的费用。

（2）向工程师提供年、季、月度工程进度计划及相应进度统计报表。

（3）根据工程需要，提供和维修非夜间施工使用的照明、围栏设施，并负责安全保卫工作。

（4）按专用条款约定的数量和要求，向发包人提供施工场地办公和生活的房屋及设施，发包人承担由此发生的费用。

（5）遵守政府有关主管部门对施工场地交通、施工噪音以及环境保护和安全生产等的管理规定，按规定办理有关手续，并以书面形式通知发包人，发包人承担由此发生的费用。因承包人责任造成的罚款除外。

（6）已竣工工程未交付发包人之前，承包人按专用条款约定负责已完工程的保护工作，保护期间发生损坏,承包人自费予以修复;发包人要求承包人采取特殊措施保护的工程部位和相应的追加合同价款,双方在专用条款内约定。

(7) 按专用条款约定做好施工场地地下管线和邻近建筑物、构筑物(包括文物保护建筑)、古树名木的保护工作。

(8) 保证施工场地的卫生状况符合环境卫生管理部门的有关规定,交工前清理现场达到专用条款约定的要求,承担因自身原因违反有关规定造成的损失和罚款。

(9) 承包人应做的其他工作,双方在专用条款内约定。

承包人未能履行以上各项义务,造成发包人损失的,承包人赔偿发包人有关损失。

7.5 监理工程师对施工合同的管理

7.5.1 工程暂停及复工

1) 工程暂停原因

(1) 建设单位要求暂停施工且工程需要暂停施工。

(2) 为了保证工程质量而需要进行停工处理。

(3) 施工出现了安全隐患,总监理工程师认为有必要停工以消除隐患。

(4) 发生了必须暂时停止施工的紧急事件。

(5) 承包单位未经许可擅自施工,或拒绝项目监理机构管理。

只有总监理工程师有权签发"工程暂停令"(B2),并根据停工原因的影响范围和影响程度确定工程项目暂停范围。

2) 暂停施工的管理程序

(1) 无论发生以上何种情况,监理机构应当签发"工程暂停令"(B2)要求承包人暂停施工。

(2) 承包人在接到暂停施工通知后,应当按要求停止施工,并妥善保护已完工程。

(3) 监理机构在发出"工程暂停令"后 48 小时内提出书面处理意见。

(4) 承包人按处理意见实施后,可以填写"工程开工/复工报审表"(A1)向监理机构提出复工要求。

(5) 监理机构应当在收到复工要求的 48 小时内给予答复。如果暂停原因消失,具备复工条件时,应及时签署工程复工报审表,指令承包单位继续施工。

(6) 监理机构未能在规定时间内提出处理意见,或收到承包人复工要求后 48 小时内未予答复,承包人可自行复工。

(7) 因发包人原因造成停工的,由发包人承担所发生的追加合同价款,赔偿承包人由此造成的损失,相应顺延工期;因承包人原因造成停工的,由承包人承担发生的费用,工期不予顺延。

7.5.2 工程变更的管理

所谓工程变更,是指在工程项目实施过程中,按照合同约定的程序对部分或全部工程在材料、工艺、功能、构造、尺寸、技术指标、工程数量及施工方法等方面做出的改变。项目监理机构应按照委托监理合同的约定进行工程变更的处理,不应超越所授权限。

1）项目监理机构处理工程变更程序

（1）设计单位对原设计存在的缺陷提出的工程变更,应编制设计变更文件;建设单位或承包单位提出的工程变更,应提交总监理工程师,由总监理工程师组织专业监理工程师审查。审查同意后,应由建设单位转交原设计单位编制设计变更文件。当工程变更涉及安全、环保等内容时,应按规定经有关部门审定。

（2）项目监理机构应了解实际情况并收集与工程变更有关的资料。

（3）总监理工程师必须根据实际情况、设计变更文件和其他有关资料,按照施工合同的有关条款,在指定专业监理工程师完成下列工作后,对工程变更的费用和工期作出评估:

① 确定工程变更项目与原工程项目之间的类似程度和难易程度。

② 确定工程变更项目的工程量。

③ 确定工程变更的单价或总价。

（4）总监理工程师应就工程变更费用及工期的评估情况与承包单位和建设单位进行协调。

（5）总监理工程师签发工程变更单（C2）。包括工程变更要求、工程变更说明、工程变更费用和工期、必要的附件等内容,有设计变更文件的工程变更应附设计变更文件。

（6）项目监理机构应根据工程变更单监督承包单位实施。

2）项目监理机构处理工程变更应符合的要求

（1）项目监理机构在工程变更的质量、费用和工期方面取得建设单位授权后,总监理工程师应按施工合同规定与承包单位进行协商,经协商达成一致后,总监理工程师应将协商结果向建设单位通报,并由建设单位与承包单位在变更文件上签字。

（2）在项目监理机构未能就工程变更的质量、费用和工期方面取得建设单位授权时,总监理工程师应协助建设单位和承包单位进行协商,并达成一致。

（3）在建设单位和承包单位未能就工程变更的费用等方面达成协议时,项目监理机构应提出一个暂定的价格,作为临时支付工程进度款的依据。该项工程款最终结算时,应以建设单位和承包单位达成的协议为依据。

（4）在总监理工程师签发工程变更单之前,承包单位不得实施工程变更。未经总监理工程师审查同意而实施的工程变更,项目监理机构不得予以计量。

7.5.3 索赔的管理

工程实践中发包人向承包人索赔发生的频率相对较低,而且在索赔处理中,发包人始终处于主动和有利地位。因此大量发生的、处理困难的是承包人向发包人的索赔,这是监理工程师进行合同管理的重点内容之一。本节主要介绍监理工程师对承包人向发包人索赔的管理。

1）索赔的概念

索赔是指施工合同的当事人在合同履行过程中,对不应由自己承担责任的情况造成的损失,向合同的另一当事人提出给予赔偿或补偿要求的行为。索赔是一种正当的权利或要求,是合情、合理、合法的行为,是在正确履行合同的基础上争取合理的偿付。

2) 索赔的基本特征

（1）索赔是双方的，不仅承包人可以向发包人索赔，发包人同样也可以向承包人索赔。

（2）只有实际发生了经济损失或权利损害，一方才能向对方索赔。经济损失是指因对方因素造成合同外的额外支出；权利损害是指虽然没有经济上的损失，但造成了一方权利上的损害。

（3）索赔是一种未经对方确认的单方行为。

3) 施工索赔的分类

在工程建设的各个阶段都有可能发生索赔，但在施工阶段索赔发生较多，是监理工程师管理的关键环节。

（1）按合同依据分：①合同中明示的索赔，是指合同文件中有索赔的文字依据；②合同中默示的索赔，是指虽然在合同条款中没有专门的文字叙述，但可以根据该合同的某些条款的含义，推论出承包人有某项索赔权。

（2）按索赔目的分：①工期索赔，是指非承包人的责任而导致施工进度延误，要求批准顺延合同工期的索赔；②费用索赔，即要求经济补偿。

（3）按索赔事件的性质分：①工期延误索赔；②工程变更索赔；③合同被迫终止的索赔；④工程加速索赔；⑤意外风险和不可预见因素索赔；⑥其他索赔，如货币贬值、汇率变化、物价上涨等原因引起的索赔。

4) 索赔程序

（1）发出索赔意向通知

承包人应在索赔事件发生后的 28 天内向项目监理机构递交索赔意向通知，声明将对此事提出索赔。如超过这个时限，项目监理机构和发包人有权拒绝承包人的索赔要求。

（2）递交索赔报告

① 索赔意向通知提交后 28 天内，或监理机构同意的其他合理时间，承包人应递交正式的索赔报告。

② 如果索赔事件影响持续存在，承包人应按监理机构合理要求的时间间隔（一般为 28 天），定期陆续报出每一个时间段内的索赔证据资料和索赔要求。在该项索赔事件的影响结束后的 28 天内，报出最终详细报告。

③ 如承包人未能按时间规定提出索赔报告，则失去了就该项事件请求补偿的索赔权力。

（3）监理机构判定索赔成立的原则

① 与合同相对照，事件已造成了承包人施工成本的额外支出或总工期延误。

② 造成费用增加或工期延误的原因，按合同约定不属于承包人应承担的责任。

③ 承包人按合同规定的程序提交了索赔意向通知和索赔报告。

同时具备以上条件时，监理机构认定索赔成立，才能处理该索赔事件。

（4）监理机构审核索赔报告

① 事态调查。

② 损害事件原因分析。

③ 分析索赔理由。

④ 实际损失分析。

⑤ 证据资料分析。

（5）监理机构与承包人协商

对承担事件损害责任的界限划分不一样,索赔的计算依据和方法分歧较大等原因,监理机构核查后确定的补偿额度往往和承包单位索赔报告中要求的额度不一致,甚至差额较大,这就要求双方就索赔的处理进行协商。

（6）监理机构索赔处理的决定

经过认真的分析研究,与承包人和发包人广泛讨论后,监理机构应该向发包人和承包人提出自己的索赔处理决定。

① 监理机构在收到索赔报告后 28 天内给予答复或要求承包人进一步补充索赔理由和证据。监理机构可以在"工程延期审批表"和"费用索赔审批表"中简要叙述索赔事项、理由和建议给予补偿的金额及延长的工期。

② 监理机构如在 28 天内既未给予答复,也未对承包人作出进一步要求的话,则视为承包人提出的该项索赔要求已经认可。

（7）发包人审查索赔

当监理机构确定的索赔额超过其权限范围时,必须报请发包人批准。发包人同意承包人的索赔报告后,监理机构才可签发有关审批文件。

（8）承包人是否接受最终索赔处理

通常,监理机构处理决定不是终局性的,对发包人和承包人都不具有强制性的约束力。如承包人接受最终的索赔处理,索赔事件的处理即告结束。如承包人不同意,就会导致合同争议。协商处理争议是最理想的方式。如协商不成,承包人可以按合同中的争议条款提交约定的仲裁机构仲裁或诉讼。

5）索赔管理的原则和预防

（1）索赔管理的一般原则

① 公平合理地处理索赔。

② 及时作出决定和处理索赔。

③ 尽可能通过协商达成一致。

④ 诚实信用。

（2）对索赔的预防和减少

① 正确理解合同规定。

② 做好日常监理工作,随时和承包人保持协调。

③ 尽量为承包人提供力所能及的帮助。

④ 建立和维护处理合同事务的威信。

7.5.4　工程延期及工程延误的处理

工期索赔经过批准的时间为工程延期,其余为工程延误。如果属于发包人违约或者是应当由发包人承担的风险,则工期可以顺延;反之,是承包人的违约或者是应当由承包人承担的风险,则工期不能顺延,属于工程延误时间。《施工合同示范文本》中规定,以下原因造成的工期延误,经监理工程师确认后工期相应顺延:

（1）发包人未能按专用条款的约定提供图纸及开工条件。

（2）发包人未能按约定日期支付工程预付款、进度款，致使施工不能正常进行。

（3）工程师未按合同约定提供所需指令、批准等，致使施工不能正常进行。

（4）设计变更和工程量增加。

（5）一周内非承包人原因停水、停电、停气造成停工累计超过 8 小时。

（6）不可抗力。

（7）专用条款中约定或工程师同意工期顺延的其他情况。

承包人在以上情况发生后 14 天内，就延误的工期以书面形式向工程师提出报告。工程师在收到报告后 14 天内予以确认。逾期不予确认也不提出修改意见，视为同意顺延工期。

7.5.5　合同争议的调解

施工合同当事人双方发生合同纠纷时，应先依据平等协商原则协商解决。协商无效时则可采取调解的方式。项目监理机构接到合同争议的调解要求后应进行以下工作：

（1）及时了解合同争议的全部情况，包括进行调查和取证。

（2）及时与合同争议的双方进行磋商。

（3）在项目监理机构提出调解方案后，由总监理工程师进行争议调解。

（4）当调解未能达成一致时，总监理工程师应在施工合同规定的期限内提出处理该合同争议的意见。

（5）在争议调解过程中，除已达到了施工合同规定的暂停履行合同的条件之外，项目监理机构应要求施工合同的双方继续履行施工合同。

在总监理工程师签发合同争议处理意见后，发包人或承包人在施工合同规定的期限内未对合同争议处理决定提出异议，在符合施工合同的前提下，此意见应成为最后的决定，双方必须执行。

如双方不同意该处理意见，可申请仲裁或诉讼。在合同争议的仲裁或诉讼过程中，项目监理机构接到仲裁机关或法院要求提供有关证据的通知后，应公正地向仲裁机关或法院提供与争议有关的证据。

7.5.6　合同的解除

合同解除，是指对已经发生法律效力，但尚未履行或者尚未完全履行的合同，因当事人一方的意思表示或者双方的协议而使债权债务关系提前归于消灭的行为。施工合同的解除必须符合法律程序。《建设工程监理规范》（GB 50319—2000）中规定：

（1）当发包人违约导致施工合同最终解除时，项目监理机构应就承包人按施工合同规定应得到的款项与发包人和承包人进行协商，并应按施工合同的规定从下列应得的款项中确定承包人应得到的全部款项，并书面通知发包人和承包人：

① 承包人已完成的工程量表中所列的各项工作所应得到的款项。

② 按批准的采购计划订购工程材料、设备、构配件的款项。

③ 承包人撤离施工设备至原基地或其他目的地的合理费用。

④ 承包人所有人员的合理遣返费用。

⑤ 合理的利润补偿。

⑥ 施工合同规定的发包人应支付的违约金。

（2）由于承包人违约导致施工合同终止后，项目监理机构应按下列程序清理承包人的应得款项，或偿还发包人的相关款项，并书面通知发包人和承包人：

① 施工合同终止时，清理承包人已按施工合同规定实际完成的工作所应得的款项和已经得到支付的款项。

② 施工现场余留的材料、设备及临时工程的价值。

③ 对已完工程进行检查和验收、移交工程资料、该部分工程的清理、质量缺陷修复等所需的费用。

④ 施工合同规定的承包人应支付的违约金。

⑤ 总监理工程师按照施工合同的规定，在与发包人和承包人协商后，书面提交承包人应得款项或偿还发包人款项的证明。

（3）由于不可抗力或非发包人、承包人原因导致施工合同终止时，项目监理机构应按施工合同规定处理合同解除后的有关事宜。

7.6 FIDIC 土木工程施工合同条件

1）FIDIC 和《土木工程施工合同条件》

FIDIC 是国际咨询工程师联合会（Federation Internationale Des Ingenieurs Conseils）的法语缩写。该联合会是被世界银行认可的国际咨询服务机构，总部设在瑞士洛桑。它的会员在每个国家只有一个，即是该国的独立的咨询工程协会。FIDIC 下属许多专业委员会，如业主咨询工程师关系委员会（CCRC）、土木工程合同委员会（CECC）等。各专业委员会编制了许多规范性的文件，目前国际承包工程中所广泛采用的《土木工程施工合同条件》、《电气与机械工程合同条件》和《业主/咨询工程师标准服务协议书》是最重要的合同文件范本。

《土木工程施工合同条件》由国际咨询工程师联合会（FIDIC）和欧洲建筑工程联合会（FIEC）在英国土木工程师学会（IEC）的合同条款的基础上，于 1957 年制定了第一版，现在通常看到的是在第四版的基础上出版的更加详细的《土木工程施工合同条件应用指南》。

对一项国际工程采用 FIDIC 合同条件，从狭义上可以解释为采用一套标准的合同条件，从广义上也可以理解为该工程的实施是按照一套标准的招标文件，通过招标选择承包商，经过监理工程师的独立监理进行控制，按照业主与承包商之间签订的合同进行施工。FIDIC 合同条件虽不是法律，也不是法规，但它是一种国际惯例。

一般来说，凡属于国际承包工程的合同，大多执行 FIDIC 合同条件。所谓国际承包工程，是既包括我国施工企业参与投标竞争的国外工程招标项目，也包括国内吸收国际金融组织贷款或外国公司参与投资的国际招标投标的工程建设项目。

2）FIDIC《土木工程施工合同条件》的内容

FIDIC 的《土木工程施工合同条件》包括以下主要文件的标准格式和内容：

（1）通用条件

所谓"通用"的含义是：工程建设项目只要是属于土木工程类施工，不管是工业与民用建筑，还是水电工程，或是公路、铁路交通等各建设行业均可适用。通用条件共有 72 条目 94

款。内容包括:定义与解释,工程师及工程师代表,转让与分包,合同条件,一般义务,劳务,材料,工程设备和工艺,暂时停工,开工和误期,缺陷责任,变更、增添和省略,索赔程序,承包商的设备、临时工程和材料,计量,暂定金额,指定的分包商,证书与支付,补救措施,特殊风险,解除履约合同,争端的解决,通知,业主的违约,费用和法规的变更,货币及汇率,共 25 个小节。通用条件按照条款的内容,大致可划分为权利和义务性条款、管理性条款、经济性条款、技术性条款和法规条款五个方面。

(2)专用条件

基于不同地区、不同行业的土木类工程施工共性条件而编制的通用条件已是分门别类、内容详尽的合同文件范本,尽管大量的条款是通用的,但也有一些条款还必须考虑工程的具体特点和所在地区情况予以必要的变动。FIDIC 在文件中规定,第一部分的通用条件与第二部分的专用条件一起,构成了决定合同各方权利和义务的条件。

(3)投标书及其附件

FIDIC 编制了标准的投标书及其附件格式。投标书中的空格只需投标人填写具体内容,就可与其他材料一起构成投标文件。投标书附件是针对通用条件中某些具体条款的需要而做出具体规定的明确条件,如担保金额的具体数值或为合同价的百分数、颁布开工通知的时间和竣工时间等。另外,附件中还包括第一部分和第二部分的有关条款,当另有规定时,应附加相应的具体条款,如工程项目或单位工程的竣工时间具体要求、工程预付款的规定等。

(4)协议书

协议书是业主和中标的承包商签订施工合同的标准文件,只要双方在空格内填入相应内容并签字或盖章后即可生效。

3)FIDIC《土木工程施工合同条件》的适用条件

(1)必须要由独立的监理工程师来进行施工监督管理。从某种意义上来讲,也可以说 FIDIC 条件是专门为监理工程师进行施工管理而编写的。

(2)业主应采用竞争性招标方式选择承包商。可以采用公开招标(无限制招标)或邀请招标(有限制招标)。

(3)适用于单价合同。

(4)要求有较完整的设计文件,包括规范、图纸、工程量清单等。

复习思考题

1. 简述合同概念、合同法律关系构成。
2. 简述合同的内容和条款。
3. 简述合同纠纷的处理方式。
4. 简述建设工程委托监理合同示范文本的组成。
5. 简述建设工程委托监理合同双方的权利和义务。
6. 简述建设工程施工合同示范文本中合同文件的组成和解释顺序。
7. 简述监理工程师对工程暂停、复工的管理。
8. 简述监理工程师对工程变更的管理。
9. 简述工程索赔的程序。
10. 简述 FIDIC 的《土木工程施工合同条件》的内容。

8　建设工程监理的组织协调

本章提要：本章主要介绍了组织协调的概念、范围和层次；组织协调的工作内容和方法。

8.1　组织协调概述

　　监理组织在工程项目监理过程中，要顺利有效的实现建设工程项目监理工作目标，除了需要监理人员具有扎实的专业知识和对监理程序的有效执行外，还要求监理人员要有较强的组织协调能力。通过组织协调工作，促使影响监理目标实现的各方主体相互配合，使监理工作得以顺利实施和运行。

8.1.1　组织协调的概念

　　"协调"又称协调管理或界面管理，是指通过协调、沟通、调和所有的活动及力量，使各方配合得当，其目的是促使各方协同一致，以实现预定目标。组织协调就是通过外力使整个系统中分散的各个要素具有一定的系统性、整体性，并且使之配合适当，协同一致的实现共同的预定目标。

　　系统是由若干既相互联系又相互制约的要素构成的具有特定功能和目标的统一体。按照系统分析的观点，协调一般分为三大类：一是"人员/人员界面"；二是"系统/系统界面"；三是"系统/环境界面"。

8.1.2　建设工程监理组织协调对象

　　随着我国社会主义市场经济体制的逐步完善和建筑市场的形成，建设领域建设项目投资形成了多元化的格局，建设工程项目建设中参与者越来越多且各方的责、权、利关系发生了较大变化，由此形成了大量的协调问题。

　　建设工程系统是一个由人员、物质、信息等构成的人为的组织系统。建设工程组织是由各类人员组成的工作班子，由于每个人的性格、习惯、能力、岗位、任务、作用的不同，即使只有两个人在一起工作，也有潜在的人员矛盾或危机。这种人与人之间的间隔，就是所谓"人员/人员界面"。

　　建设工程系统是由若干个子项目组成的完整体系，子项目即子系统。由于子系统的功能、目标不同，因此容易产生各自为政的趋势和相互推诿现象。这种子系统和子系统之间的间隔，就是所谓的"系统/系统界面"。

　　建设工程系统是一个典型的开发系统，它具有环境适应性，能主动从外部世界取得必要的能量、物质和信息。在取得的过程中，不可能没有障碍和阻力。这种系统与环境之间的间隔，就是所谓的"系统/环境界面"。

项目监理机构的协调管理对象就是"人员/人员界面"、"系统/系统界面"、"系统/环境界面"。在建设监理中,要保证项目的参与各方围绕建设工程开展工作,使项目目标顺利实现,必须重视协调管理,发挥系统整体功能。组织协调工作最为重要,也最为困难,是监理工作能否成功的关键。协调是管理的核心职能,它作为一种管理方法应贯穿于整个建设工程实施及其管理过程中。

8.1.3 建设工程监理组织协调的范围和层次

从系统方法的角度看,项目监理机构协调的范围分为系统内部的协调和系统外部的协调,系统外部协调又分为近外层协调和远外层协调。近外层和远外层的主要区别是,建设工程与近外层关联单位一般有合同关系,与远外层关联单位一般没有合同关系。

8.2 建设工程监理主要协调内容

8.2.1 项目监理机构内部的协调

项目监理机构的核心是总监理工程师,他是监理项目的带头人,要率先垂范,以身作则。总监真心诚意的与监理人员交朋友,尊重他们,关心他们,爱护他们,对于全体监理人员就有号召力;总监的实干精神,敬业精神,团结精神,奉献精神,为大家作出了榜样,就会影响监理人员的思想和行为;总监技术全面,经验丰富,工作能力强,以人格魅力把大家团结在身边,一起奋斗。

1) 项目监理机构内部人际关系的协调

项目监理机构是由人组成的工作体系,工作效率在很大程度上取决于人际关系的协调程度,总监理工程师应首先搞好人际关系的协调,激励项目监理机构成员。

(1) 在人员安排上要量才录用。对项目监理机构各种人员,要根据每个人的专长进行安排,做到人尽其才。人员的搭配应注意能力互补和性格互补,人员配置应尽可能少而精,防止力不胜任和忙闲不均现象。

(2) 在工作委任上要职责分明。对项目监理机构内的每一个岗位,都应订立明确的目标和岗位责任制,应通过职能清理,使管理职能不重不漏,做到事事有人管,人人有专职,同时明确岗位职责。

(3) 在成绩评价上要实事求是。发扬民主作风,实事求是地评价,以免人员无功自傲或有功受屈,使每个人热爱自己的工作,并对工作充满信心和希望。

(4) 在矛盾调解上要恰到好处。人员之间的矛盾总是存在的,一旦出现矛盾应进行调解,要多听取项目监理机构成员的意见和建议,及时沟通,使大家始终处于团结、和谐、热情高涨的工作气氛中。

2) 项目监理机构内部组织关系的协调

项目监理机构是由若干部门(专业组)组成的工作体系,每个专业组都有自己的目标和任务。如果每个子系统都从建设工程的整体利益出发,理解和履行自己的职责,那么整个系统就会处于有序的良性状态,否则,整个系统便处于无序的紊乱状态,导致功能失调,效率下降。项目监理机构内部组织关系的协调可从以下几个方面进行：

(1) 在职能划分的基础上设置组织机构，根据工程对象及委托监理合同所规定的工作内容确定职能划分，并设置相应的配套组织机构。

(2) 明确规定每个部门的目标、职责和权限，最好以规章制度的形式进行明文规定。

(3) 事先约定各个部门在工作中的相互关系，有主办、牵头和协作、配合之分。

(4) 建立信息沟通制度。通过工作例会、业务碰头会、发会议纪要、工作流程图或信息传递卡等方式来沟通信息，使局部了解全局，服从并适应全局需要。

(5) 及时消除工作中的矛盾或冲突。总监理工程师应采用民主的作风，激励各个成员的工作积极性，采用公开的信息政策，经常性的指导工作，和成员一起商讨遇到的问题，多倾听他们的意见和建议。

3) 项目监理机构内部需求关系的协调

建设工程监理实施中有人员需求、试验设备需求、材料需求等，而资源是有限的，因此，内部需求平衡至关重要。需求关系的协调可以从以下环节进行：

(1) 对监理设备、材料的平衡。建设工程监理开始时，要做好监理规划和监理实施细则的编写工作，提出合理的监理资源配置，要注意抓住期限上的及时性、规格上的明确性、数量上的准确性、质量上的规定性。

(2) 对监理人员的平衡。要抓住调度环节，注意各专业监理工程师的配合。监理力量必须根据工程进展情况，合理安排，以保证工程监理目标的实现。

8.2.2 与业主的协调

监理实践证明，监理目标的顺利实现与业主协调的好坏有很大的关系。我国长期的计划经济体制使得业主合同意识差、随意性大，对监理工作干涉多，不把合同中规定的权利交给监理单位，科学管理意识差，在建设工程目标确定上压工期、压造价等，给监理工作的质量、进度、投资控制等工作带来困难。因此，与业主的协调是监理工作的重点和难点。监理工程师应从以下几个方面加强与业主的协调：

(1) 监理工程师首先要理解建设工程总目标，理解业主的意图。对未能参加项目决策过程的监理工程师，必须了解项目构思的基础、起因、出发点，否则可能对监理目标及任务有不完整的理解，会给工作造成很大的困难。

(2) 利用工作之便做好监理宣传工作，增进业主对监理工作的理解，特别是对建设工程管理各方职责及监理程序的理解；主动帮助业主处理建设工程中的事务性工作，以自己规范化、标准化、制度化的工作去影响和促进双方工作的协调一致。

(3) 尊重业主，让业主一起投入建设工程全过程。必须执行业主的指令，使业主满意。对业主提出的某些不适当的要求，只要不属于原则性问题，都可以先执行，然后利用适当时机、适当方式加以说明或解释；对原则性问题，可采取书面报告等方式说明原委，尽量避免发生误解，以使建设工程顺利实施。

8.2.3 与承包商的协调

监理工程师对质量、进度和投资的控制都是通过承包商的工作来实现的，所以做好与承包商的协调工作是监理工程师组织协调工作的重要内容。

（1）坚持原则，实事求是，严格按规范、规程办事，讲究科学态度。监理工程师应强调各方面利益的一致性和建设工程总目标，应鼓励承包商将建设工程实施状况、实施结果和遇到的困难和意见向他汇报，以寻找对目标控制可能的干扰。

（2）协调不仅是方法、技术问题，更多的是语言艺术、感情交流和用权适度问题。有时尽管协调意见是正确的，但是由于方式或表达不妥，反而会激化矛盾。而高超的协调能力则往往能起到事半功倍的作用，令各方都满意。

（3）施工阶段的协调工作内容

① 与承包商项目经理关系的协调。从承包商项目经理及其工地工程师的角度来说，他们希望监理工程师是公正、通情达理并容易理解别人的；希望从监理工程师处得到明确而不是含糊的指示，并且能够对他们所询问的问题给予及时的答复；希望监理工程师的指示能够在他们工作之前发出。他们可能对本本主义者以及工作方法僵硬的监理工程师最为反感。这些心理现象，作为监理工程师来说应该非常清楚。一个既懂得坚持原则，又善于理解承包商项目经理的意见，工作方法灵活，随时可能提出或愿意接受变通办法的监理工程师肯定是受欢迎的。

② 进度问题的协调。由于影响进度的因素错综复杂，因而进度问题的协调工作也十分复杂。实践证明，有两项协调工作有效：一是业主和承包商双方共同商定一级网络计划，并由双方主要负责人签字，作为工程施工合同的附件；二是设立提前竣工奖，由监理工程师按一级网络计划节点考核，分期支付阶段工期奖，如果整个工程最终不能保证工期，由业主从工程款中将已付的阶段工期奖扣回并按合同规定予以罚款。

③ 质量问题的协调。在质量控制方面应实行监理工程师质量签字认可制度。对没有出厂证明、不符合使用要求的原材料、设备和构件，不准使用；对工序交接实行报验签证；对不合格的工程部位不予验收签字，也不予计算工程量，不予支付工程款。在建设工程实施过程中，设计变更或工程内容的增减是经常出现的，有些是合同签订时无法预料和明确规定的。对于这种变更，监理工程师要认真研究，合理计算价格，与有关方面充分协商，达成一致意见，并实行监理工程师签证制度。

④ 对承包商违约行为的处理。在施工过程中，监理工程师对承包商的某些违约行为进行处理是一件很慎重而又难免的事情。当发现承包商采用一种不适当的方法进行施工，或是用了不符合合同规定的材料时，监理工程师除了立即制止外，可能还要采取相应的处理措施。遇到这种情况，监理工程师应考虑的是自己的处理意见是否是监理权限内的，根据合同要求，自己应该怎么做，等等。在发现质量缺陷并需要采取措施时，监理工程师必须立即通知承包商。监理工程师要有时间期限的概念，否则承包商有权认为监理工程师对已完成的工程内容是满意或认可的。对不称职的承包商项目经理或某个工地工程师，证据足够时，总监理工程师可正式向承包商发出警告，万不得已时有权要求撤换。

⑤ 合同争议的协调。对于工程中的合同争议，监理工程师应首先采用协商解决的方式，协商不成时才由当事人向合同管理机关申请调解。只有当对方严重违约而使自己的利益受到重大损失且不能得到补偿时才采用仲裁或诉讼手段。如果遇到非常棘手的合同争议问题，不妨暂时搁置，等待时机另谋良策。

⑥ 对分包单位的管理。主要是对分包单位明确合同管理范围，分层次管理。将总包合同作为一个独立的合同单元进行投资、进度、质量控制和合同管理，不直接和分包合同发生

关系。对分包合同中的工程质量、进度进行直接跟踪监控,通过总包商进行调控、纠偏。分包商在施工中发生的问题,由总包商负责协调处理,必要时,监理工程师帮助协调。当分包合同条款与总包合同发生抵触,以总包合同条款为准。此外,分包合同不能解除总包商对总包合同所承担的任何责任和义务。分包合同发生的索赔问题,一般由总包商负责,涉及总包合同中业主义务和责任时,由总包商通过监理工程师向业主提出索赔,由监理工程师进行协调。

⑦ 处理好人际关系。在监理过程中,监理工程师处于一种十分特殊的位置。业主希望得到独立、专业的高质量服务,而承包商则希望监理单位能对合同条件有一个公正的解释。因此,监理工程师必须善于处理各种人际关系,既要严格遵守职业道德,又要礼貌而坚决地拒收任何礼物,以保证行为的公正性,也要利用各种机会增进与各方面人员的友谊与合作,以利于工程的进展。否则,便有可能引起业主或承包商对其可信赖程度的怀疑。

8.2.4 与设计单位的协调

监理单位必须协调与设计单位的工作,以加快工程进度,确保质量,降低消耗。

(1)真诚地尊重设计单位的意见,在设计单位向承包商介绍工程概况、设计意图、技术要求、施工难点等时,注意标准过高、设计遗漏、图纸差错等问题,并将其在施工之前解决;施工阶段,严格按图施工;结构工程验收、专业工程验收、竣工验收等工作,约请设计代表参加;若发生质量事故,认真听取设计单位的处理意见。

(2)施工中发现设计问题时应及时向设计单位提出,以免造成大的直接损失;若监理单位有比原设计更先进的新技术、新工艺、新材料、新结构、新设备时,可主动与设计单位沟通。协调各方达成协议,约定一个期限,争取设计单位、承包商的理解和配合。

(3)注意信息传递的及时性和程序性。监理工作联系单、工程变更单要按规定的程序进行传递。监理单位与设计单位都是受业主委托进行工作的,两者之间并没有合同关系,所以监理单位主要是与设计单位做好交流工作,协调要靠业主的支持。设计单位应就其设计质量对建设单位负责,工程监理人员发现工程设计不符合建筑工程质量标准或者合同约定的质量要求的,应当报告建设单位,要求设计单位改正。

8.2.5 与政府部门及其他单位的协调

1)与政府部门的协调

(1)工程质量监督站是由政府授权的工程质量监督的实施机构,对委托监理的工程,质量监督站主要是核查勘察设计单位、施工单位和监理单位的资质,监督这些单位的质量行为和工程质量。监理单位在进行工程质量控制和质量问题处理时,要做好与工程质量监督站的交流和协调工作。

(2)重大质量、安全事故,在承包商采取急救、补救措施的同时,应敦促承包商立即向政府有关部门报告情况,接受检查和处理。

(3)建设工程合同应经公证机关公证,并报政府建设管理部门备案;协助业主的征地、拆迁、移民等工作要争取政府有关部门支持和协作;现场消防设施的配置,宜请消防部门检查认可;要敦促承包商在施工中注意防止环境污染,做到文明施工。

2）协调与社会团体的关系

一些大中型建设工程建成后，不仅会给业主带来效益，还会给该地区的经济发展带来好处，业主和监理单位应争取社会各界对建设工程的关心和支持。这是一种争取良好社会环境的协调。

对本部分的协调工作，从组织协调的范围看是属于远外层的管理。根据目前的工程监理实践，对远外层关系的协调，应由业主主持，监理单位主要是协调近外层关系。如业主将部分或全部远外层关系协调工作委托监理单位承担，则应在委托监理合同专用条件中明确委托的工作和相应的报酬。

8.3　建设工程监理组织协调的方法

8.3.1　会议协调法

会议协调法是建设工程监理中常用的一种协调方法，实践中常用的会议协调法包括第一次工地会议、工地例会、专题会议等。

1）第一次工地会议

第一次工地会议是建设工程尚未全面展开前履约各方相互认识、确定联络方式的会议，也是检查开工前各项准备工作是否就绪并明确监理程序的会议。第一次工地会议应在项目总监理工程师下达开工令之前召开。

（1）参加人员的组成

第一次工地会议由建设单位主持，监理单位、总承包单位的授权代表参加，也可以邀请分包单位参加，必要时邀请有关设计单位人员参加。第一次工地会议纪要应由项目监理机构负责起草，并经与会各方代表会签。

（2）会议的主要内容

① 建设单位、承包单位和监理单位分别介绍各自驻现场的组织机构、人员及其分工。

② 建设单位根据委托监理合同宣布对总监理工程师的授权。

③ 建设单位介绍工程开工准备情况。

④ 承包单位介绍施工准备情况。

⑤ 建设单位和总监理工程师对施工准备情况提出意见和要求。

⑥ 总监理工程师介绍监理规划的主要内容。

⑦ 研究确定各方在施工过程中参加工地例会的主要人员，召开工地例会周期、地点及主要议题。

2）工地例会

工地例会是由项目监理机构主持的，在工程实施过程中针对工程质量、造价、进度、合同管理等事宜定期召开的，由有关单位参加的会议。

工地例会由总监理工程师主持，开工后在整个建设工程实施阶段召开，应定期召开，宜每周、每旬或每月召开一次。参加人员包括项目总监理工程师（也可为总监理工程师代表）、其他有关监理人员、承包商项目经理、承包单位其他有关人员。需要时，也可邀请其他有关单位代表参加。

会议的主要议题是：①检查上次例会议定事项的落实情况，分析未完事项原因；②检查分析工程项目进度计划完成情况，提出下一阶段进度目标及其落实措施；③检查分析工程项目质量状况，针对存在的质量问题提出改进措施；④检查工程量核定及工程款支付情况；⑤解决需要协调的有关事项；⑥其他有关事宜。

会议纪要由项目监理机构起草，经与会各方代表会签，然后分发给有关单位。会议纪要内容如下：①会议地点及时间；②出席者姓名、职务以及他们代表的单位；③会议中发言者的姓名及其所发表的主要内容；④决定事项；⑤诸事项分别由何人何时执行。

工地例会会议纪要是工程项目监理工作的重要文件，对参加工程项目建设的各方都有约束力，并且在发生争议或索赔时是重要的法律文件，项目监理机构应给予足够地重视。

3）专题会议

除定期召开工地监理例会外，还应根据需要组织专题会议，解决施工过程中的各种专项问题。例如一些工程中的重大问题，以及不宜在工地例会上解决的问题，加工订货会、业主直接分包的工程内容承包单位与总包单位之间的协调会、专业性较强的分包单位进场协调会等，均由监理工程师主持会议。

8.3.2 交谈协调法

在实践中，并不是所有问题都需要开会来解决，有时可采用"交谈"这个方法。交谈包括面对面的交谈和电话交谈两种形式。无论是内部协调还是外部协调，这种方法使用频率都是相当高的。其作用在于：

（1）保持信息畅通。由于交谈本身没有合同效力及其方便性和及时性，所以建设工程参与各方之间及监理机构内部都愿意采用这个方法进行。

（2）寻求协作和帮助。在寻求别人帮助和协作时，往往要及时了解对方的反应和意见，以便采用相应的对策。另外，相对于书面寻求协作，人们更难以拒绝面对面的请求。因此，采用交谈方式请求协作和帮助比采用书面方法实现的可能性要大。

（3）及时发布工程指令。在实践中，监理工程师一般都采用交谈方式发布口头指令，这样，一方面可以使对方及时执行指令，另一方面可以和对方进行交流，了解对方是否正确理解了指令。随后，再以书面形式加以确认。

8.3.3 书面协调法

当会议或者交谈不方便或不需要时，或者需要精确的表达自己的意见时，就会用到书面协调的方法。书面协调法的特点是具有合同效力，一般常用于以下方面：

（1）不需双方直接交流的书面报告、报表、指令和通知等。

（2）需要以书面形式向各方提供详细信息和情况通报的报告、信函和备忘录等。

（3）事后对会议记录、交谈内容或口头指令的书面确认。

8.3.4 访问协调法

访问法主要用于外部协调中，有走访和邀访两种形式。走访是指监理工程师在建设工程施工前或施工过程中，对与工程施工有关的各政府部门、公共事业机构、新闻媒介或工程毗邻单位等进行访问,向他们解释工程情况,了解他们的意见。邀访是指监理工程师邀请上述各单位(包括业主)代表到施工现场对工程进行指导性巡视,了解现场工作。因为在多数情况下,这些有关方面并不了解工程,不清楚现场的实际情况,如果进行一些不恰当的干预,会对工程产生不利影响。这个时候,采用访问法可能是一个相当有效的协调方法。

8.3.5 情况介绍法

情况介绍法通常是与其他协调方法紧密结合在一起的,它可能是在一次会议前或者一次交谈前,或是一次走访或邀访前向对方进行的情况介绍。形式上主要是口头的,有时也伴有书面的。介绍往往作为其他协调的引导,其目的是使别人首先了解情况。因此,监理工程师应重视任何场合下的每一次介绍,要使别人能够理解你介绍的内容、问题和困难、你想得到的协助等。

复习思考题

1. 简述组织协调的概念。
2. 简述建设工程监理组织协调的范围和层次。
3. 简述建设工程监理机构内部协调的主要内容。
4. 简述建设工程监理与承包商协调的主要内容。
5. 简述建设工程监理会议协调法。

9　建设工程监理信息管理

本章提要:本章主要介绍了建设工程监理信息的概念、特点和重要性;建设工程监理信息管理;建设工程文档资料管理;建设工程监理文档资料管理。

9.1　建设工程监理信息概述

9.1.1　信息与信息系统

1)信息

信息论的创始人神农认为,信息是对事物不确定性的量度。由于信息的客观存在,才有可能使人们由表及里、由浅入深地认识事物发展的内涵和规律,进而使人们在社会经济活动中做出正确而有效的决策。

结合监理工作,我们认为,信息是对数据的解释,并反映了事物的客观状态和规律。

从广义上讲,数据包括文字、数值、语言、图表、图像等表达形式。数据有原始数据和加工整理后的数据之分。无论是原始数据还是加工整理后的数据,经人们解释并赋予一定的意义后才能成为信息。这就说明,数据与信息既有联系又有区别,信息虽然用数据表现,信息的载体是数据,但并非任何数据都是信息。

2)信息的特征

信息是监理工作的依据,了解其特征,有助于深刻理解信息含义和充分利用信息资源,更好地为决策服务。信息特征概括起来有以下几点:

(1)真实性

信息是反映事物或现象客观状态和规律的数据,其中真实和准确是信息的基本特征。缺乏真实性的信息由于不能依据它们做出正确的决策,因此不能称为信息。

(2)系统性

信息随着时间在不断地变化与扩充,但信息本身需要全面地掌握各方面的数据后才能得到,即它仍应该是来源于有机整体的一部分,脱离整体、孤立存在的信息是毫无用处的。因此,在工程实际中,不能片面地处理数据、片面地产生和使用信息,信息也是系统的组成部分之一,必须用系统的观点来对待各种信息。

(3)时效性

事物在不断地变化,信息也随之变化。时效性又称适时性,它反映信息具有突出的时间性特征。某一信息对某一建设目标是适用的,但随着建设进程,该信息的价值将逐步降低或完全丧失。因此,信息的时效性是反映信息现实性的关键,对决策的有效性产生重大影响。

(4)不完全性

客观上讲,由于人的感官以及各种测试手段的局限性,导致对信息资源的开发和识别难以做到全面。人的主观因素也会影响对信息的收集、转换和利用,往往会造成所收集的信息不够完全。为了提高决策质量,应尽量多让经验丰富的人员来从事信息管理工作,或者提高从业者的业务素质,这样可以不同程度地减少信息不完全性的一面。

(5) 层次性

信息对使用者是有不同的对象的,不同的管理需要不同的信息,因此,必须针对不同的信息需求分类提供相应的信息。通常可以将信息分为决策级、管理级、作业级三个层次。

3) 信息系统

信息是一切工作的基础,信息只有组织起来才能发挥作用。信息的组织是由信息系统完成的,信息系统是收集、组织数据产生信息的系统。信息系统的定义是,由人和计算机等组成,以系统思想为依据,以计算机为手段,进行数据(情况)收集、传递、处理、存储、分发、加工产生信息,为决策、预测和管理提供依据的系统。

9.1.2 建设工程监理信息

建设工程信息是对参与建设各方主体(如业主、设计单位、施工单位、供货厂商和监理企业等)从事工程建设项目管理(或监理)提供决策支持的一种载体,如项目建议书、可行性研究报告、设计图样及其说明、各种建设法规及建设标准等。在现代建设工程中,及时、准确、完善地掌握与建设有关的大量信息,处理和管理好各类建设信息,是建设工程项目监理的重要内容。

1) 建设工程监理信息构成

建设工程监理信息管理工作涉及多部门、多环节、多专业、多渠道,信息量大,来源广泛,形式多样,主要信息形态有下列形式:

(1) 文字图形信息

文字图形信息包括勘察、测绘、设计图纸及说明书,合同,工作条例及规定,项目管理实施规划(施工组织设计)情况报告,原始记录,统计图表,报表,信函等信息。

(2) 语言信息

语言信息包括口头分配任务、工作指示、汇报、工作检查、谈判交涉、建议、批评、工作讨论和研究、会议等信息。

(3) 新技术信息

新技术信息包括通过网络、电话、电报、电传、计算机、电视、录像、录音、广播等现代化手段收集及处理的一部分信息。

监理工作者要善于捕捉各种信息并加工处理和运用各种信息。

2) 建设工程监理信息的分类

按照一定的标准,将建设工程监理信息予以分类,对监理工作有着重要意义。因为不同的监理范畴需要不同的信息,而把信息予以分类,有助于根据监理工作的不同要求提供适当的信息。

(1) 按照建设监理控制目标划分

① 投资控制信息。投资控制信息包括:费用规划信息,投资计划、估算、概算、预算资料,资金使用计划,各阶段费用计划,以及费用定额、指标等;实际费用信息,如已支出的各类费用,各种付款账单,工程计量数据,工程变更情况,现场签证,以及物价指数,人工、材料设备、机械台班的市场价格信息等;费用计划与实际值比较分析信息;费用的历史经验数据、现

行数据、预测数据等。

② 质量控制信息。如项目的功能、使用要求,有关标准及规范,质量目标和标准,设计文件、资料、说明,质量检查、测试数据,验收记录,质量问题处理报告,各类备忘录、技术单,材料、设备质量证明等。

③ 进度控制信息。包括项目总进度规划、总进度计划、分进度目标、各阶段进度计划、单体工程计划、操作性计划、物资采购计划等;工程实际进度统计信息,项目日志,计划进度与实际进度比较信息,工期定额、指标等。

④ 合同管理信息。如招投标文件,项目参与各方情况信息,各类工程合同,合同执行情况信息,合同变更、签证记录,工程索赔事项情况等。

(2) 按照信息的来源划分

① 项目内部信息。项目内部信息即产生于建设工程项目各个阶段、各个环节、各有关单位管理过程中的信息总体。内部信息取自建设项目本身,如工程概况、设计文件、施工方案、合同结构、合同管理制度,信息资料的编码系统、信息目录表,会议制度,监理班子的组织,项目的投资目标、项目的质量目标、项目的进度目标等。项目内部信息包括基层信息、管理信息和决策信息等。基层信息是项目基层工作人员所需要的以及由他们产生的信息,这类信息需要对原始数据进行整理和汇总;决策信息是高层管理者所需要并产生的信息,如决策、计划、指令等。

② 项目外部信息。项目外部信息即来自项目外部环境的信息。如国家有关的政策及法规,国内及国际市场的原材料及设备价格、市场变化,物价指数,类似工程造价、进度,投标单位的实力、投标单位的信誉,毗邻单位情况,新技术、新材料、新方法,国际环境的变化,资金市场变化等。包括指令性或指导性信息、市场信息和技术信息等。

3) 建设工程监理信息系统

监理信息系统是建设工程信息系统的一个组成部分,建设工程信息系统由建设方、勘察设计方、建设行政管理方、建设材料供应方、施工方和监理方各自的信息系统组成,监理信息系统只是监理方的信息系统,是主要为监理工作服务的信息系统。

监理信息系统是建设工程信息系统的一个子系统,也是监理企业整个管理系统的一个子系统。作为前者,它必须从建设信息系统中得到所需的政府、建设、施工、设计等各方提供的数据和信息,也必须送出相关单位需要的相关数据和信息;作为后者,它也从监理企业得到必要的指令、帮助和所需要的数据与信息,向监理企业回报建设工程项目的信息。

9.2 建设工程监理信息管理

9.2.1 建设工程监理信息管理的概念

1) 建设工程监理信息管理

建设工程监理信息管理是在建设工程的各个阶段,对所产生的面向建设工程监理业务的信息进行收集、传输、加工、储存、维护和使用等的信息规划及组织管理活动的总称。

2）建设工程监理信息管理的目的

建设工程监理信息管理的目的是通过有效的建设工程信息规划及其组织管理活动,使参与建设各方能及时、准确地获得有关的建设工程信息,以便为建设项目全过程或各个阶段提供建设项目决策所需要的可靠信息。

9.2.2 建设工程监理信息管理的基本任务

监理工程师作为项目管理者,承担着项目信息管理的任务,是整个项目的信息中心,负责收集项目实施情况的各种信息,做各种信息处理工作,并向上级、向外界提供各种信息。其信息管理任务主要包括:

（1）组织项目基本情况信息的收集并系统化,编制成项目基本情况资料。

（2）项目报告及各种资料的规定。如资料的格式、内容、数据结构要求。

（3）按照项目实施、项目组织、项目管理工作过程建立项目管理信息系统流程,在实际工作中保证这个系统正常运行,并控制流程。

（4）文件档案管理工作。

9.2.3 建设工程监理信息管理的工作原则

对于大型的建设工程项目,其所产生的信息数量巨大,种类繁多,为便于信息的收集、处理、储存、传递和利用,监理工程师在进行建设工程监理信息管理实践中逐步形成以下基本原则:

1）标准化原则

要求在项目的实施过程中对有关信息进行统一分类,对信息流程进行规范,对产生的报表则力求做到格式化和标准化,通过建立健全的信息管理制度,从组织上保证信息生产过程的效率。

2）有效性原则

监理工程师所提供的信息应针对不同层次管理者的要求进行适当加工,针对不同管理层提供不同要求和浓缩程度的信息。例如对于项目的高层管理者而言,提供的决策信息应力求精炼、直观,尽量采用形象的图表来表达,以满足其战略决策的信息需要。这一原则是为了保证信息产品对于决策支持的有效性。

3）定量化原则

建设工程产生的信息不应是项目实施过程中产生数据的简单记录,应该是经过信息处理人员的比较与分析。采用定量工具对有关数据进行分析和比较是十分必要的。

4）时效性原则

考虑工程项目决策过程的时效性,建设工程的成果也应具有相应的时效性。建设工程项目的信息都有一定的生产周期,如月报表、季报表、年报表等,这都是为了保证信息产品能够及时服务于决策。

5）高效处理原则

通过采用高性能的信息处理工具（建设工程信息管理系统）,尽量缩短信息在处理过程中的延迟,监理工程师的主要精力应放在对处理结果的分析和控制措施的制定上。

6）可预见原则

建设工程产生的信息作为项目实施的历史数据，可以用于预测未来的情况。监理工程师应通过采用先进的方法和工具为决策者制定未来目标和行动规划提供必要的信息。如通过对以往投资执行情况的分析，对未来可能发生的投资进行预测，作为采取事先控制措施的依据，这在工程项目管理中也是十分重要的。

9.2.4　建设工程监理信息管理的过程

在建设工程监理信息管理中，重点应抓好信息的收集、传递、加工、存储，以及信息的使用与维护等工作。

1）信息的收集

信息的收集首先应根据项目管理的目标，通过对信息的识别，制定对建设工程信息的需求规划，即确定对信息需求类别及各类信息量的大小；再通过调查研究，采用适当的收集方法来获取所需要的建设工程信息。

2）信息的传递

信息的传递就是把信息从信息的占有者传送给信息的接收者的过程。为了保证信息传递不至于产生"失真"，在信息传递时，必须要建立科学的信息传递渠道体系，包括信息传递类型及信息量、传递方式、接收方式，以及完善信息传递的保障体系，以防止信息传递产生"失真"和"泄密"，影响信息传递质量。

3）信息的加工

信息的收集和信息的传递是数据获取的过程。要使获取的数据能够成为具有一定价值且可以作为管理决策依据的信息，还需要对所获取的数据进行必要的加工处理，这种过程称为信息加工。信息加工的方式，包括对数据的整理、数据的解释、数据的统计分析，以及对数据的过滤和浓缩等，不同的管理层次，由于具有不同的职能、职责和工作任务，对信息加工的浓度也不尽相同。一般来说，高层管理者要求对信息浓缩程度大，信息加工的浓度也大；基层管理者对信息要求细化程度高，对信息加工浓度较小。信息加工的总原则是：由高层向低层对信息要求应逐层细化；由低层向高层对信息要求应逐层浓缩。

4）信息的存储

信息存储的目的是将信息保存起来以备将来使用。对信息存储基本要求是应对信息进行分类、分目、分档，有规律地存储，以便使用者检索。建设工程信息存储方式、存储时间、存储部门或单位等，应根据建设项目管理目标和参与建设各方的管理体制水平而定。

5）信息的使用和维护

信息的使用程度取决于信息的价值。信息价值高，使用频率就高，如施工图纸及施工组织设计这类信息。因此，对使用频率高的信息，应保证使用者易于检索，并应充分注意信息的安全性和保密性，防止信息遭受破坏。

信息的维护是保持信息检索的方便性、信息修正的可扩充性及信息传递的可移植性，以便准确、及时、安全、可靠地为用户提供服务。

9.2.5　建设工程监理信息管理的手段

对于大中型项目，应该采用电子计算机辅助管理，其功能是收集、传递、处理、存储及分析项目的有关信息,供监理工程师作规划和决策时参考,以便对项目的投资、进度、质量三大目标进行控制。可以归纳出信息管理的主要手段如图9-1所示。

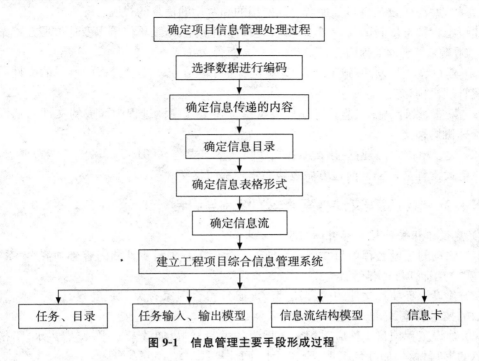

图 9-1 信息管理主要手段形成过程

9.3 建设工程文档资料管理

9.3.1 建设工程文档资料管理概述

1) 建设工程文件概念

建设工程文件是指在工程建设过程中形成的各种形式的信息记录,包括工程准备阶段文件、监理文件、施工文件、竣工图和竣工验收文件,也可简称为工程文件。

(1) 工程准备阶段文件,工程开工以前,在立项、审批、征地、勘察、设计、招投标等工程准备阶段形成的文件。

(2) 监理文件,监理企业在工程设计、施工阶段监理过程中形成的文件。

(3) 施工文件,施工单位在工程施工过程中形成的文件。

(4) 竣工图,工程竣工验收后,真实反映建设工程项目施工结果的图样。

(5) 竣工验收文件,建设工程项目竣工验收活动中形成的文件。

2) 建设工程档案概念

建设工程档案是指在工程建设活动中直接形成的具有归档保存价值的文字、图表、声像等各种形式的历史记录,也可简称为工程档案。

3) 建设工程文件档案资料

建设工程文件和档案组成建设工程文件档案资料。

4）建设工程文档资料管理的基本概念

建设工程项目文档资料管理是指，对作为信息载体的资料进行有序地收集、加工、分解、编目、存档，并为建设项目各参加者提供专用的和常用的信息的过程。

建设工程档案资料的管理涉及建设单位、监理企业、施工单位等以及地方城建档案管理部门。对于一个建设工程而言，归档有三个方面含义：

（1）建设、勘察、设计、施工、监理等单位将本单位在工程建设过程中形成的文件向本单位档案管理机构移交。

（2）勘察、设计、施工、监理等单位将本单位在工程建设过程中形成的文件向建设单位档案管理机构移交。

（3）建设单位按照现行《建设工程文件归档整理规范》（GB/T 50328—2001）要求，将汇总的该建设工程文件档案向地方城建档案管理部门移交。

9.3.2　建设工程文件档案资料的编制与组卷

1）建设工程文件档案资料编制质量要求

（1）归档的建设工程项目文件应为原件。建设工程项目文件的内容必须齐全、系统、完整、准确，与工程项目实际相符。

（2）建设工程项目文件的内容及其深度必须符合国家有关工程勘察、设计、施工、监理等方面的技术规范、标准和规程。

（3）建设工程项目文件应采用耐久性强的书写材料，如碳素墨水、蓝黑墨水，不得使用易褪色的书写材料，如红色墨水、纯蓝墨水、圆珠笔、复写纸、铅笔等。

（4）建设工程项目文件应字迹清楚，图样清晰，图表整洁，签字盖章手续完备。

（5）建设工程项目文件中文字材料幅面尺寸规格宜为 A4 幅面（297mm×210mm），图纸宜采用国家标准图幅。

（6）建设工程项目文件的纸张应采用能够长期保存的韧性大、耐久性强的纸张，图纸一般采用蓝晒图，竣工图应是新蓝图。计算机出图必须清晰，不得使用计算机出图的复印件。

（7）所有竣工图均应加盖竣工图章。

（8）利用施工图改绘竣工图，必须标明变更修改依据，凡施工图结构、工艺、平面布置等有重大改变，或变更部分超过图面 1/3 的应当重新绘制竣工图。

（9）不同幅面的工程图纸应按《技术制图复制图的折叠方法》（GB 106010.3—89）统一折叠成 A4 幅面（297mm×210mm），图标栏露在外面。

（10）工程档案资料的微缩制品必须按国家微缩标准进行制作，主要技术指标要符合国家标准，保证质量，以适应长期安全保管。

（11）工程档案资料的照片（含底片）及声像档案，要求图像清晰，声音清楚，文字说明或内容准确。

（12）工程文件应采用打印的形式并使用档案规定用笔，手工签字，在不能使用原件时，应在复印件或抄件上加盖公章并注明原件保存处。

2）建设工程文档资料的组卷要求

组卷即按照一定的原则和方法，将有保存价值的文档资料分门别类地整理成案卷的过程，亦称立卷。

（1）组卷的基本要求

① 一个建设工程由多个单位工程组成时，应按单位工程组卷。

② 卷内资料排列顺序应依据卷内资料构成而定，一般顺序为封面、目录、资料部分、备考表和封底。文字材料按事项、专业顺序排列。同一事项的请示与批复、同一文件的印本与定稿、主体与附件不能分开，并按批复在前、请示在后，印本在前、定稿在后，主体在前、附件在后的顺序排列。图纸按专业排列，同专业图纸按图号顺序排列。既有文字材料又有图纸的案卷，文字材料排前，图纸排后。

③ 卷内若存在多类工程资料时，同类资料按自然形成的顺序和时间排序，不同资料之间的排列顺序应符合标准资料分类原则。

④ 保管期限分永久、长期、短期三种。永久是指工程档案需要永久保存。长期是指工程档案的保存期等于该工程的使用寿命。短期是指工程档案保存 20 年以下。同一案卷内有不同保管期限的文件，该案卷保管期限应从长。

⑤ 工程档案套数一般不少于两套，一套由建设单位保管，另一套原件要求移交当地档案管理部门保存。

⑥ 案卷不宜过厚，一般不超过 40mm。

（2）组卷的方法

① 工程文件可按建设程序划分为工程准备阶段的文件、监理文件、施工文件、竣工图、竣工验收文件五个部分。

② 工程准备阶段文件可按建设程序、专业、形成单位等组卷。

③ 监理文件可按单位工程、分部工程、专业、阶段等组卷。

④ 施工文件可按单位工程、分部工程、专业、阶段等组卷。

⑤ 竣工图可按单位工程、专业等组卷。

⑥ 竣工验收文件按单位工程、专业等组卷。

9.3.3 建设工程文档的验收与移交

1）建设工程文档的验收

（1）建设工程项目竣工验收前，各参建单位的主管（技术）负责人应对本单位形成的工程资料进行竣工审查。建设单位应按照国家验收规范的规定和城建档案管理的有关要求，对勘察、设计、监理、施工等单位汇总的工程资料进行验收。

（2）工程竣工验收前，应由城建档案管理部门对工程档案资料进行预验收。建设单位未取得城建档案管理部门出具的认可文件，不得组织工程竣工验收。

（3）国家、省、市重点工程项目或一些特大型、大型工程项目的预验收和验收，必须有地方城建档案管理部门参加。

（4）工程档案的各编制单位、地方城建档案管理部门、建设行政管理部门等要对工程档案进行严格检查、验收。对不符合要求的，一律退回编制单位进行改正、补齐，问题严重者可令其重做。不符合要求者，不能交工验收。

（5）凡报送的工程档案，如验收不合格应将其退回建设单位，由建设单位责成责任者重新进行编制，待达到要求后重新报送。

（6）地方城建档案管理部门负责工程档案的最后验收。

2）建设工程文档移交

（1）凡列入城建档案馆接受范围的工程,建设单位应在竣工验收后三个月内,将符合规定的工程档案移交给城建档案管理部门,并办理移交手续。

（2）停建、缓建工程的工程档案,暂由建设单位保管。改建、扩建和维修工程,建设单位应当组织设计单位、监理企业、施工单位据实修改、补充和完善工程档案。对改变的部位,应重新编写工程档案,并在工程竣工验收后三个月内向城建档案管理部门移交。

（3）施工单位、监理企业等有关单位应在工程竣工验收前将工程档案按合同或协议约定的时间、套数移交给建设单位,办理移交手续。

9.4 建设工程监理文件档案资料管理

9.4.1 建设工程监理文件档案资料管理概述

1）建设工程监理文件档案资料管理的基本概念

所谓建设工程监理文件档案资料的管理,是指监理工程师受建设单位委托,在进行建设工程监理的工作期间,对建设工程实施过程中形成的与监理有关的文件和档案进行收集积累、加工整理、立卷归档和检索利用等一系列工作。建设工程监理文件档案资料管理的对象是监理文件档案资料,它们是工程建设监理信息的主要载体之一。

2）建设工程监理文件档案资料的传递流程

项目监理部的信息管理部门是专门负责建设工程项目信息管理工作的,其中包括监理文件档案资料的管理。因此在工程全过程中形成的所有资料,都应统一归口传递到信息管理部门进行加工、收发和管理,如图9-2所示。信息管理部门是监理文件档案资料传递渠道的中枢。

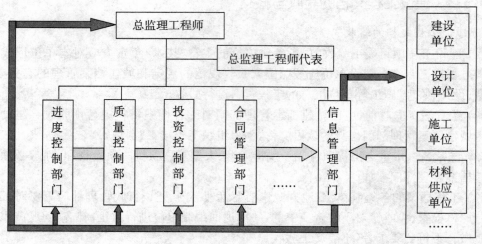

注: ➡ 表示监理文件档案资料的发送　⇨ 表示监理文件档案资料的收集

图9-2　监理文件档案资料传递流程图

3) 建设工程监理文件档案资料归档内容

按照现行《建设工程文件归档整理规范》(GB/T 50328—2001),监理文件有十大类,要求在不同的单位归档保存。它们分别是:监理规划;监理月报;监理会议纪要;进度控制;质量控制;造价控制;分包资质;监理通知;合同与其他事项管理;监理工作总结。监理企业的归档资料和保管期限如表 9-1 所示。

表 9-1　监理企业的归档资料和保管期限

序号	归档文件	保存单位和保管期限				
		建设单位	施工单位	设计单位	监理单位	城建档案馆
1	监理规划					
①	监理规划	长期			短期	√
②	监理实施细则	长期			短期	√
③	监理部总控制计划等	长期			短期	
2	监理月报中的有关质量问题	长期		长期		
3	监理会议纪要中的有关质量问题	长期		长期		
4	进度控制					
①	工程开工/复工审批表	长期			长期	√
②	工程开工/复工暂停令	长期			长期	√
5	质量控制					
①	不合格项目通知	长期			长期	√
②	质量事故报告及处理意见	长期			长期	√
6	造价控制					
①	预付款报审与支付	短期				
②	月付款报审与支付	短期				
③	设计变更、洽商费用报审与签认	长期				
④	工程竣工决算审核意见书	长期				√
7	分包资质					
①	分包单位资质材料	长期				
②	供货单位资质材料	长期				
③	试验等单位资质材料	长期				
8	监理通知					
①	有关进度控制的监理通知	长期			长期	
②	有关质量控制的监理通知	长期			长期	
③	有关造价控制的监理通知	长期			长期	
9	合同与其他事项管理					

续表 9-1

序号	归 档 文 件	保存单位和保管期限				
		建设单位	施工单位	设计单位	监理单位	城建档案馆
①	工程延期报告及审批	永久			长期	√
②	费用索赔报告及审批	长期			长期	√
③	合同争议、违约报告及处理意见	永久			长期	√
④	合同变更材料	长期			长期	
10	监理工作总结					
①	专题总结	长期			短期	
②	月报总结	长期			短期	
③	工程竣工总结	长期			短期	√
④	质量评价意见报告	长期			长期	√

9.4.2 建设工程监理表格体系和主要文件档案

1) 施工阶段监理工作的基本表式

根据《建设工程监理规范》(GB 50319—2000)的规定,在施工阶段监理工作共有三大类 18 种基本表式,详见本书附录 3。该类表式可一表多用,适合建设、监理、施工、供货各方,也适合各个行业、各个专业的统一表式。

(1) A 类表共 10 个(A1~A10),主要用于施工阶段,为承包单位用表,是承包单位与监理企业之间的联系表,由承包单位填写,向监理企业提交申请或回复。使用时应注意以下内容:

① 工程开工/复工报审表(A1)

施工阶段承包单位向监理企业报请开工和工程暂停后报请复工时填写,如整个项目一次开工,只填报一次,如工程项目中涉及多个单位工程且开工时间不同,则每个单位工程开工都应填报一次。总监理工程师按有关规定进行审核,具备开工条件时,签署意见并报建设单位。

由于建设单位或其他非承包单位的原因导致工程暂停,在施工暂停原因消失、具备复工条件时,项目监理部应及时督促施工单位尽快报请复工;由于施工单位原因导致工程暂停,在具备恢复施工条件时,承包单位报请复工报审表提交有关材料,总监理工程师应及时签署复工报审表,施工单位恢复正常施工。

② 施工组织设计(方案)报审表(A2)

施工单位在开工前向项目监理部报送施工组织设计(施工方案)的同时,填写施工组织设计(方案)报审表。施工过程中,如经批准的施工组织设计(方案)发生改变,工程项目监理部要求将变更的方案报送时,也采用此表。

③ 分包单位资质报审表(A3)

由承包单位报送监理单位,专业监理工程师和总监理工程师分别签署意见,审查批准后,分包单位完成相应的施工任务。

④ _____报验申请表（A4）

本表主要是承包单位向监理企业的工程质量检查验收申请。用于隐蔽工程的检查和验收时承包单位必须完成自检并附有相应工序、部位的工程质量检查记录；用于施工放样报检时应附有承包单位的施工放样成果；用于分项、分部、单位工程质量验收时应附有相关符合质量验收标准的资料及规范规定的表格。

⑤ 工程款支付申请表（A5）

在分项、分部工程或按照施工合同付款的条款完成相应工程的质量已通过监理工程师认可后，承包单位要求建设单位支付合同内项目及合同外项目的工程款时，填写本表向工程项目监理部申报。专业监理工程师审批后，同意付款时，应注明应付的款额及其计算方法，报总监理工程师审批，并将审批结果以"工程款支付证书"（B3）批复给施工单位并通知建设单位。不同意付款时应说明理由。

⑥ 监理工程师通知回复单（A6）

本表用于承包单位接到项目监理部的"监理工程师通知单"（B1），并已完成了监理工程师通知单上的工作后，报请项目监理部进行核查。本表一般可由专业监理工程师签认，重大问题由总监理工程师签认。

⑦ 工程临时延期申请表（A7）

当发生工程延期事件，并有持续性影响时，承包单位填报本表，向工程项目监理部申请临时延期；工程延期事件结束，承包单位向工程项目监理部最终申请确定工程延期的日历天数及延迟后的竣工日期。工程项目监理部对本表所述情况进行审核评估，分别用"工程临时延期审批表"（B4）和"工程最终延期审批表"（B5）批复承包单位项目经理部。

⑧ 费用索赔申请表（A8）

本表在费用索赔事件结束后，承包单位向项目监理部提出费用索赔时填报。总监理工程师应组织监理工程师对本表所述情况及所提的要求进行审查与评估，并与建设单位协商后，在施工合同规定的期限内签署"费用索赔审批表"（B6）或要求承包单位进一步提交详细资料后重新申请，批复承包单位。

⑨ 工程材料/构配件/设备报审表（A9）

本表用于承包单位将进入施工现场的工程材料/构配件/设备经自检合格后，由承包单位项目经理签章，向工程监理部申请验收。检验合格后，监理工程师在本表上签认，注明质量控制资料和材料试验合格的相关说明；检验不合格时，在本表上签批不同意验收，工程材料/构配件/设备应清退出场。

⑩ 工程竣工报验单（A 10）

在单位工程竣工、承包单位自检合格、各项竣工资料齐备后，承包单位填报本表向工程项目监理部申请竣工验收。总监理工程师收到本表及附件后，应组织各专业工程监理工程师对竣工资料及各专业工程的质量进行全面检查，对检查出的问题，应督促承包单位及时整改，合格后，总监理工程师签署本表，并向建设单位提出质量评估报告，完成竣工预验收。

（2）监理单位用表（B 类表）

本类表共 6 个（B1～B6），主要用于施工阶段，使用时应注意以下内容：

① 监理工程师通知单（B1）

本表为工程项目监理部按照委托监理合同所授予的权限，针对承包单位出现的各种问题而发的,要求承包单位进行整改的指令性文件。一般可由专业监理工程师签发,但发出前必须经过总监理工程师同意,重大问题应由总监理工程师签发。

② 工程暂停令(B2)

在工程施工过程中发生《监理规范》规定需要暂停的情况时,总监理工程师应根据停工原因、影响范围确定工程停工范围,签发工程暂停令,向承包单位下达工程暂停令。签发本表要慎重,要考虑工程暂停后可能产生的各种后果,并应事先与建设单位协商,取得一致意见。

③ 工程款支付证书(B3)

本表为项目监理部收到承包单位报送的"工程款支付申请表(A5)"后用于批复用表。由各专业监理工程师按照施工合同进行审核,提出意见,经总监理工程师审核签认后报送建设单位,作为支付的证明,同时批复给承包单位。

④ 工程临时延期审批表(B4)

本表用于工程项目监理部接到承包单位报送的"工程临时延期申请表"(A7)后,对申请情况进行调查,初步做出是否同意延期申请的批复。本表由总监理工程师签发,签发前应征得建设单位的同意。

⑤ 工程最终延期审批表(B5)

本表用于工程延期事件结束后,工程项目监理部根据承包单位报送的"工程临时延期申请表"(A7)及延期事件发展期间陆续报送的有关资料,对申报情况进行调查,向承包单位下达的最终是否同意工程延期日数的批复。本表由总监理工程师签发,签发前应征得建设单位的同意。

⑥ 费用索赔审批表(B6)

本表用于收到施工单位报送的"费用索赔申请表"(A8)后,工程项目监理部针对此项索赔事件进行全面的调查做出的批复。本表由专业监理工程师审核后,报总监理工程师签批,签批前应与建设单位、承包单位协商确定批准的赔付金额。

(3) 各方通用表(C类表)

① 监理工作联系单(C1)

本表适用于参与建设工程的建设、施工、监理、勘察设计和质监单位相互之间就有关事项的联系,发出单位有权签发的负责人应为建设单位的现场代表(施工合同中规定的工程师)、承包单位的项目经理、监理单位的项目总监理工程师、设计单位的本工程设计负责人、政府质量监督部门的负责监督该建设工程的监督师,不能任何人随便签发。若用正式函件形式进行通知或联系则不宜使用本表,改由发出单位的法人签发。

② 工程变更单(C2)

本表适用于参与建设工程的建设、施工、监理、勘察设计各方,任何一方提出工程变更时都要先填本表。总监理工程师组织收集资料,进行调研,并与有关单位磋商,如取得一致意见时在本表中写明,并经相关建设单位的现场代表、承包单位的项目经理、监理单位的项目总监理工程师、设计单位的本工程设计负责人等在本表上签字,此项工程变更才生效。本表由提出工程变更的单位填报,份数视内容而定。

2) 监理规划

监理规划应在签订委托监理合同,收到施工合同、施工组织设计(技术方案)、设计图纸文件后一个月内,由总监理工程师组织完成该工程项目的监理规划编制工作,经监理企业技术负责人审核批准后,在第一次工地例会前报送建设单位。具体内容见本书第 5 章。

3）监理实施细则

对技术复杂、专业性强的工程项目应编制"监理实施细则",监理实施细则应符合监理规划要求,并结合专业特点,做到详细、具体,具有可操作,监理实施细则也要根据实际情况的变化进行修改、补充和完善,内容主要有专业工作特点、监理工作流程、监理控制要点及目标值、监理工作方法及措施。

4）监理日记

根据《建设工程监理规范》(GB 50319—2000)的规定,监理日记由专业监理工程师和监理员书写。监理日记和施工日记一样,都是反映工程施工过程的实录,同一个施工行为,往往两本日记可能记载有不同的结论,事后在工程发现问题时,日记就起着重要的作用。因此,认真、及时、真实、详细、全面地做好监理日记,对发现问题、解决问题,甚至仲裁、起诉都具有十分重要的作用。项目监理日记主要内容有:

（1）当日材料、构配件、设备、人员变化的情况。

（2）当日施工的相关部位、工序的质量、进度情况,材料使用情况,抽检、复检情况。

（3）施工程序执行情况,人员、设备安排情况。

（4）当日监理工程师发现的问题及处理情况。

（5）当日进度执行情况,索赔(工期、费用)情况,安全文明施工情况。

（6）有争议的问题,各方的相同和不同意见,协调情况。

（7）天气、温度的情况,天气、温度对某些工序质量的影响和采取措施与否。

（8）承包单位提出的问题,监理人员的答复等。

5）工地例会会议纪要

工地例会是履约各方沟通情况、交流信息、协调处理、研究解决合同履行中存在的各方面问题的主要协调方式。其内容详见本书第 8.3 节。

6）监理月报

监理月报由项目总监理工程师组织编写,由总监理工程师签认,报送建设单位和本监理企业,报送时间由监理企业和建设单位协商确定,一般经承包单位项目经理部报送了工程进度,汇总了本月已完工程量和本月计划完成工程量的工程量表、工程款支付申请表等相关资料后,在最短的时间内提交,大约 5~7 天。其内容包括:

（1）工程概况。本月工程概况,本月施工基本情况。

（2）本月工程形象进度。

（3）工程进度。本月实际完成情况与计划进度比较,对进度完成情况及采取措施效果的分析。

（4）工程质量。本月工程质量情况分析,本月采取的工程质量措施及效果。

（5）工程计量与工程款支付。工程量审核情况,工程款审批情况及月支付情况,工程款支付情况分析,本月采取的措施及效果。

（6）合同其他事项的处理情况。工程变更,工程延期,费用索赔。

（7）本月监理工作小结。对本月进度、质量、工程款支付等方面情况的综合评价,本月监理工作情况,有关本工程的意见和建议,下月监理工作的重点。

7）监理工作总结

监理工作总结有工程竣工总结、专题总结、月报总结三类，这三类总结在建设单位都属于长期保存的归档文件。专题总结和月报总结在监理企业是短期保存的归档文件；而工程竣工总结属于报送城建档案管理部门的监理归档文件，其主要内容包括：

（1）工程概况。

（2）监理组织机构、监理人员和投入的监理设施。

（3）监理合同履行情况。

（4）监理工作成效。

（5）施工过程中出现的问题及其处理情况和建议（该内容为总结要点，主要内容有质量问题、质量事故、合同争议、违约、索赔等处理情况）。

（6）工程照片（有必要时）。

复习思考题

1. 从建设工程目标的角度，对建设工程监理信息进行分类描述。

2. 简述建设工程监理信息管理的基本任务和工作原则。

3. 简述建设工程文档资料组卷的基本原则。

4. 简述建设工程文档验收的要求。

5. 简述施工阶段监理工作基本表式的主要内容。

6. 简述建设工程监理日记的主要内容。

附录

附录1　建设工程委托监理合同(示范文本)(GF—2000—0202)

中华人民共和国建设部
国家工商行政管理局　　制定
二〇〇〇年二月

第一部分　建设工程委托监理合同

委托人＿＿＿＿＿＿＿＿＿与监理人＿＿＿＿＿＿＿＿＿,经双方协商一致,签订本合同。

一、委托人委托监理人监理的工程(以下简称"本工程")概况如下:

工程名称:＿＿＿＿＿＿＿＿＿＿＿＿＿＿＿＿＿＿＿＿＿＿＿＿＿＿＿＿＿＿＿＿＿＿＿＿＿＿

工程地点:＿＿＿＿＿＿＿＿＿＿＿＿＿＿＿＿＿＿＿＿＿＿＿＿＿＿＿＿＿＿＿＿＿＿＿＿＿＿

工程规模:＿＿＿＿＿＿＿＿＿＿＿＿＿＿＿＿＿＿＿＿＿＿＿＿＿＿＿＿＿＿＿＿＿＿＿＿＿＿

总投资:＿＿＿＿＿＿＿＿＿＿＿＿＿＿＿＿＿＿＿＿＿＿＿＿＿＿＿＿＿＿＿＿＿＿＿＿＿＿＿

二、本合同中的有关词语含义与本合同第二部分《标准条件》中赋予它们的定义相同。

三、下列文件均为本合同的组成部分:

① 监理投标书或中标通知书;

② 本合同标准条件;

③ 本合同专用条件;

④ 在实施过程中双方共同签署的补充与修正文件。

四、监理人向委托人承诺,按照本合同的规定,承担本合同专用条件中议定范围内的监理业务。

五、委托人向监理人承诺按照本合同注明的期限、方式、币种,向监理人支付报酬。

本合同自＿＿＿＿＿年＿＿＿＿＿月＿＿＿＿＿日开始实施,至＿＿＿＿＿年＿＿＿＿＿月＿＿＿＿＿日完成。

本合同一式＿＿＿＿＿份,具有同等法律效力,双方各执＿＿＿＿＿份。

委托人:(签章)	监理人:(签章)
住所:	住所:
法定代表人:(签章)	法定代表人:(签章)
开户银行:	开户银行:
账号:	账号:
邮编:	邮编:
电话:	电话:

本合同签订于:＿＿＿＿＿年＿＿＿＿＿月＿＿＿＿＿日

第二部分　标准条件

词语定义、适用范围和法规

第一条　下列名词和用语,除上下文另有规定外,有如下含义:

(1)"工程"是指委托人委托实施监理的工程。

(2)"委托人"是指承担直接投资责任和委托监理业务的一方以及其合法继承人。

(3)"监理人"是指承担监理业务和监理责任的一方以及其合法继承人。

(4)"监理机构"是指监理人派驻本工程现场实施监理业务的组织。

(5)"总监理工程师"是指经委托人同意,监理人派到监理机构全面履行本合同的全权负责人。

(6)"承包人"是指除监理人以外,委托人就工程建设有关事宜签订合同的当事人。

(7)"工程监理的正常工作"是指双方在专用条件中约定委托人委托的监理工作范围和内容。

(8)"工程监理的附加工作"是指:①委托人委托监理范围以外,通过双方书面协议另外增加的工作内容;②由于委托人或承包人原因,使监理工作受到阻碍或延误,因增加工作量或持续时间而增加的工作。

(9)"工程监理的额外工作"是指正常工作和附加工作以外,或非监理人自己的原因而暂停或终止监理业务,其善后工作及恢复监理业务的工作。

(10)"日"是指任何一天零时至第二天零时的时间段。

(11)"月"是指根据公历从一个月份中任何一天开始到下一个月相应日期的前一天的时间段。

第二条　建设工程委托监理合同适用的法律是指国家的法律、行政法规,以及专用条件中议定的部门规章或工程所在地的地方法规、地方规章。

第三条　本合同文件使用汉语语言文字书写、解释和说明。如专用条件约定使用两种以上(含两种)语言文字时,汉语应为解释和说明本合同的标准语言文字。

监理人义务

第四条　监理人按合同约定派出监理工作需要的监理机构及监理人员,向委托人报送委派的总监理工程师及其监理机构主要成员名单、监理规划,完成监理合同专用条件中约定的监理工程范围内的监理业务。在履行合同义务期间,应按合同约定定期向委托人报告监理工作。

第五条　监理人在履行本合同的义务期间,应认真、勤奋地工作,为委托人提供与其水平相适应的咨询意见,公正维护各方面的合法权益。

第六条　监理人使用委托人提供的设施和物品属委托人的财产。在监理工作完成或中止时,应将其设施和剩余的物品按合同约定的时间和方式移交给委托人。

第七条　在合同期内或合同终止后,未征得有关方同意,不得泄露与本工程、本合同业务有关的保密资料。

委托人义务

第八条　委托人在监理人开展监理业务之前应向监理人支付预付款。

第九条　委托人应当负责工程建设的所有外部关系的协调,为监理工作提供外部条件。

根据需要,如将部分或全部协调工作委托监理人承担,则应在专用条件中明确委托的工作和相应的报酬。

第十条 委托人应当在双方约定的时间内免费向监理人提供与工程有关的为监理工作所需要的工程资料。

第十一条 委托人应当在专用条款约定的时间内就监理人书面提交并要求作出决定的一切事宜作出书面决定。

第十二条 委托人应当授权一名熟悉工程情况、能在规定时间内作出决定的常驻代表(在专用条款中约定),负责与监理人联系。更换常驻代表,要提前通知监理人。

第十三条 委托人应当将授予监理人的监理权利,以及监理人主要成员的职能分工、监理权限及时地书面通知已选定的承包合同的承包人,并在与第三人签订的合同中予以明确。

第十四条 委托人应在不影响监理人开展监理工作的时间内提供如下资料:

(1) 与本工程合作的原材料、构配件、机械设备等生产厂家名录。

(2) 提供与本工程有关的协作单位、配合单位的名录。

第十五条 委托人应免费向监理人提供办公用房、通讯设施、监理人员工地住房及合同专用条件约定的设施,对监理人自备的设施给予合理的经济补偿(补偿金额=设施在工程使用时间占折旧年限的比例×设施原值+管理费)。

第十六条 根据情况需要,如果双方约定,由委托人免费向监理人提供其他人员,应在监理合同专用条件中予以明确。

监理人权利

第十七条 监理人在委托人委托的工程范围内,享有以下权利:

(1) 选择工程总承包人的建议权。

(2) 选择工程分包人的认可权。

(3) 对工程建设有关事项包括工程规模、设计标准、规划设计、生产工艺设计和使用功能要求,向委托人的建议权。

(4) 对工程设计中的技术问题,按照安全和优化的原则,向设计人提出建议;如果拟提出的建议可能会提高工程造价,或延长工期,应当事先征得委托人的同意。当发现工程设计不符合国家颁布的建设工程质量标准或设计合同约定的质量标准时,监理人应当书面报告委托人并要求设计人更正。

(5) 审批工程施工组织设计和技术方案,按照保质量、保工期和降低成本的原则,向承包人提出建议,并向委托人提出书面报告。

(6) 主持工程建设有关协作单位的组织协调,重要协调事项应当事先向委托人报告。

(7) 征得委托人同意,监理人有权发布开工令、停工令、复工令,但应当事先向委托人报告。如在紧急情况下未能事先报告时,则应在24小时内向委托人作出书面报告。

(8) 工程上使用的材料和施工质量的检验权。对于不符合设计要求和合同约定及国家质量标准的材料、构配件、设备,有权通知承包人停止使用;对于不符合规范和质量标准的工序、分部分项工程和不安全施工作业,有权通知承包人停工整改、返工。承包人得到监理机构复工令后才能复工。

(9) 工程施工进度的检查、监督权,以及工程实际竣工日期提前或超过工程施工合同规定的竣工期限的签认权。

（10）在工程施工合同约定的工程价格范围内，工程款支付的审核和签认权，以及工程结算的复核确认权与否决权。未经总监理工程师签字确认，委托人不支付工程款。

第十八条 监理人在委托人授权下，可对任何承包人合同规定的义务提出变更。如果由此严重影响了工程费用或质量，或进度，则这种变更须经委托人事先批准。在紧急情况下未能事先报委托人批准时，监理人所做的变更也应尽快通知委托人。在监理过程中如发现工程承包人人员工作不力，监理机构可要求承包人调换有关人员。

第十九条 在委托的工程范围内，委托人或承包人对对方的任何意见和要求（包括索赔要求），均必须首先向监理机构提出，由监理机构研究处置意见，再同双方协商确定。当委托人和承包人发生争议时，监理机构应根据自己的职能，以独立的身份判断，公正地进行调解。当双方的争议由政府建设行政主管部门调解或仲裁机关仲裁时，应当提供作证的事实材料。

委托人权利

第二十条 委托人有选定工程总承包人，以及与其订立合同的权利。

第二十一条 委托人有对工程规模、设计标准、规划设计、生产工艺设计和设计使用功能要求的认定权，以及对工程设计变更的审批权。

第二十二条 监理人调换总监理工程师须事先经委托人同意。

第二十三条 委托人有权要求监理人提交监理工作月报及监理业务范围内的专项报告。

第二十四条 当委托人发现监理人员不按监理合同履行监理职责，或与承包人串通给委托人或工程造成损失的，委托人有权要求监理人更换监理人员，直到终止合同并要求监理人承担相应的赔偿责任或连带赔偿责任。

监理人责任

第二十五条 监理人的责任期即委托监理合同有效期。在监理过程中，如果因工程建设进度的推迟或延误而超过书面约定的日期，双方应进一步约定相应延长的合同期。

第二十六条 监理人在责任期内，应当履行约定的义务。如果因监理人过失而造成了委托人的经济损失，应当向委托人赔偿。累计赔偿总额（除本合同第二十四条规定以外）不应超过监理报酬总额（除去税金）。

第二十七条 监理人对承包人违反合同规定的质量要求和完工（交图、交货）时限，不承担责任。因不可抗力导致委托监理合同不能全部或部分履行，监理人不承担责任。但对违反第五条规定引起的与之有关的事宜，向委托人承担赔偿责任。

第二十八条 监理人向委托人提出赔偿要求不能成立时，监理人应当补偿由于该索赔所导致委托人的各种费用支出。

委托人责任

第二十九条 委托人应当履行委托监理合同约定的义务，如有违反则应当承担违约责任，赔偿给监理人造成的经济损失。

监理人处理委托业务时，因非监理人原因的事由受到损失的，可以向委托人要求补偿损失。

第三十条 委托人如果向监理人提出赔偿的要求不能成立，则应当补偿由该索赔所引起的监理人的各种费用支出。

ADD

合同生效、变更与终止

第三十一条 由于委托人或承包人的原因使监理工作受到阻碍或延误,以致发生了附加工作或延长了持续时间,则监理人应当将此情况与可能产生的影响及时通知委托人。完成监理业务的时间相应延长,并得到附加工作的报酬。

第三十二条 在委托监理合同签订后,实际情况发生变化,使得监理人不能全部或部分执行监理业务时,监理人应当立即通知委托人,该监理业务的完成时间应予延长。当恢复执行监理业务时,应当增加不超过 42 日的时间用于恢复执行监理业务,并按双方约定的数量支付监理报酬。

第三十三条 监理人向委托人办理完竣工验收或工程移交手续,承包人和委托人已签订工程保修责任书,监理人收到监理报酬尾款,本合同即终止。保修期间的责任,双方在专用条款中约定。

第三十四条 当事人一方要求变更或解除合同时,应当在 42 日前通知对方,因解除合同使一方遭受损失的,除依法可以免除责任的外,应由责任方负责赔偿。

变更或解除合同的通知或协议必须采取书面形式,协议未达成之前,原合同仍然有效。

第三十五条 监理人在应当获得监理报酬之日起 30 日内仍未收到支付单据,而委托人又未对监理人提出任何书面解释时,或根据第三十一条及第三十二条已暂停执行监理业务时限超过六个月的,监理人可向委托人发出终止合同的通知。发出通知后 14 日内仍未得到委托人答复,可进一步发出终止合同的通知。如果第二份通知发出后 42 日内仍未得到委托人答复,可终止合同或自行暂停或继续暂停执行全部或部分监理业务。委托人承担违约责任。

第三十六条 监理人由于非自己的原因而暂停或终止执行监理业务,其善后工作以及恢复执行监理业务的工作,应当视为额外工作,有权得到额外的报酬。

第三十七条 当委托人认为监理人无正当理由而又未履行监理义务时,可向监理人发出指明其未履行义务的通知。若委托人发出通知后 21 日内没有收到答复,可在第一个通知发出后 35 日内发出终止委托监理合同的通知,合同即行终止。监理人承担违约责任。

第三十八条 合同协议的终止并不影响各方应有的权利和应当承担的责任。

监理报酬

第三十九条 正常的监理工作、附加工作和额外工作的报酬,按照监理合同专用条件中约定的方法计算,并按约定的时间和数额支付。

第四十条 如果委托人在规定的支付期限内未支付监理报酬,自规定之日起,还应向监理人支付滞纳金。滞纳金从规定支付期限最后一日起计算。

第四十一条 支付监理报酬所采取的货币币种、汇率由合同专用条件约定。

第四十二条 如果委托人对监理人提交的支付通知中报酬或部分报酬项目提出异议,应当在收到支付通知书 24 小时内向监理人发出表示异议的通知,但委托人不得拖延其他无异议报酬项目的支付。

其他

第四十三条 委托的建设工程监理所必要的监理人员出外考察、材料、设备复试,其费用支出经委托人同意的,在预算范围内向委托人实报实销。

第四十四条 在监理业务范围内,如需聘用专家咨询或协助,由监理人聘用的,其费用由监理人承担;由委托人聘用的,其费用由委托人承担。

第四十五条 监理人在监理工作过程中提出的合理化建议,使委托人得到了经济效益,委托人应按专用条件中的约定给予经济奖励。

第四十六条 监理人驻地监理机构及其职员不得接受监理工程项目施工承包人的任何报酬或者经济利益。

监理人不得参与可能与合同规定的与委托人的利益相冲突的任何活动。

第四十七条 监理人在监理过程中,不得泄露委托人申明的秘密,监理人亦不得泄露设计人、承包人等提供并申明的秘密。

第四十八条 监理人对于由其编制的所有文件拥有版权,委托人仅有权为本工程使用或复制此类文件。

争议的解决

第四十九条 本合同在履行过程中发生的争议,由双方当事人协商解决。协商不成的,按下列第_____种方式解决:

(一)提交_____仲裁委员会仲裁;

(二)依法向人民法院起诉。

第三部分 专用条件

第二条 本合同适用的法律及监理依据:

第四条 监理范围和监理工作内容:

第九条 外部条件包括:

第十条 委托人应提供的工程资料及提供时间:

第十一条 委托人应在_____天内对监理人书面提交并要求作出决定的事宜作出书面答复。

第十二条 委托人的常驻代表为_____。

第十五条 委托人免费向监理机构提供如下设施:

监理人自备的、委托人给予补偿的设施如下:

补偿金额＝

第十六条 在监理期间,委托人免费向监理机构提供_____名工作人员,由总监理工程师安排其工作,凡涉及服务时,此类职员只应从总监理工程师处接受指示,并免费提供_____名服务人员。监理机构应与此类服务的提供者合作,但不对此类人员及其行为负责。

第二十六条 监理人在责任期内如果失职,同意按以下办法承担责任,赔偿损失[累计赔偿额不超过监理报酬总数(扣税)]:

赔偿金＝直接经济损失×报酬比率(扣除税金)

第三十九条 委托人同意按以下的计算方法、支付时间与金额,支付监理人的报酬:

委托人同意按以下的计算方法、支付时间与金额,支付附加工作报酬:(报酬＝附加工作日数×合同报酬/监理服务日)

委托人同意按以下的计算方法、支付时间与金额,支付额外工作报酬:

第四十一条 双方同意用_____支付报酬,按_____汇率计付。

第四十五条　奖励办法：

奖励金额＝工程费用节省额×报酬比率

第四十九条　本合同在履行过程中发生争议时，当事人双方应及时协商解决。协商不成时，双方同意由仲裁委员会仲裁（当事人双方不在本合同中约定仲裁机构，事后又未达成书面仲裁协议的，可向人民法院起诉）。

附加协议条款：

附录2　建设工程施工合同(示范文本)
(GF—1999—0201)(节选)

第二部分　通用条款

一、词语定义及合同文件

1　词语定义

下列词语除专用条款另有约定外,应具有本条所赋予的定义:

1.1　通用条款:是根据法律、行政法规规定及建设工程施工的需要订立,通用于建设工程施工的条款。

1.2　专用条款:是发包人与承包人根据法律、行政法规规定,结合具体工程实际,经协商达成一致意见的条款,是对通用条款的具体化、补充或修改。

1.3　发包人:指在协议书中约定,具有工程发包主体资格和支付工程价款能力的当事人以及取得该当事人资格的合法继承人。

1.4　承包人:指在协议书中约定,被发包人接受的具有工程施工承包主体资格的当事人以及取得该当事人资格的合法继承人。

1.5　项目经理:指承包人在专用条款中指定的负责施工管理和合同履行的代表。

1.6　设计单位:指发包人委托的负责本工程设计并取得相应工程设计资质等级证书的单位。

1.7　监理单位:指发包人委托的负责本工程监理并取得相应工程监理资质等级证书的单位。

1.8　工程师:指本工程监理单位委派的总监理工程师或发包人指定的履行本合同的代表,其具体身份和职权由发包人、承包人在专用条款中约定。

1.9　工程造价管理部门:指国务院有关部门、县级以上人民政府建设行政主管部门或其委托的工程造价管理机构。

1.10　工程:指发包人、承包人在协议书中约定的承包范围内的工程。

1.11　合同价款:指发包人、承包人在协议书中约定,发包人用以支付承包人按照合同约定完成承包范围内全部工程并承担质量保修责任的款项。

1.12　追加合同价款:指在合同履行中发生需要增加合同价款的情况,经发包人确认后按计算合同价款的方法增加的合同价款。

1.13　费用:指不包含在合同价款之内的应当由发包人或承包人承担的经济支出。

1.14　工期:指发包人、承包人在协议书中约定,按总日历天数(包括法定节假日)计算的承包天数。

1.15　开工日期:指发包人、承包人在协议书中约定,承包人开始施工的绝对或相对的日期。

1.16　竣工日期:指发包人、承包人在协议书中约定,承包人完成承包范围内工程的绝对或相对的日期。

1.17　图纸:指由发包人提供或由承包人提供并经发包人批准,满足承包人施工需要的所有图纸(包括配套说明和有关资料)。

1.18　施工场地:指由发包人提供的用于工程施工的场所以及发包人在图纸中具体指定的供施工使用的任何其他场所。

1.19　书面形式:指合同书、信件和数据电文(包括电报、电传、传真、电子数据交换和电子邮件)等可以有形地表现所载内容的形式。

1.20　违约责任:指合同一方不履行合同义务或履行合同义务不符合约定所应承担的责任。

1.21　索赔:指在合同履行过程中,对于并非自己的过错,而是应由对方承担责任的情况造成的实际损失,向对方提出经济补偿和(或)工期顺延的要求。

1.22　不可抗力:指不能预见、不能避免并不能克服的客观情况。

1.23　小时或天:本合同中规定按小时计算时间的,从事件有效开始时计算(不扣除休息时间);规定按天计算时间的,开始当天不计入,从次日开始计算。时限的最后一天是休息日或者其他法定节假日的,以节假日次日为时限的最后一天,但竣工日期除外。时限的最后一天的截止时间为当日 24 时。

2　合同文件及解释顺序

2.1　合同文件应能相互解释,互为说明。除专用条款另有约定外,组成本合同的文件及优先解释顺序如下:

(1) 本合同协议书

(2) 中标通知书

(3) 投标书及其附件

(4) 本合同专用条款

(5) 本合同通用条款

(6) 标准、规范及有关技术文件

(7) 图纸

(8) 工程量清单

(9) 工程报价单或预算书

合同履行中,发包人、承包人有关工程的洽商、变更等书面协议或文件视为本合同的组成部分。

2.2　当合同文件内容含糊不清或不相一致时,在不影响工程正常进行的情况下,由发包人、承包人协商解决。双方也可以提请负责监理的工程师作出解释。双方协商不成或不同意负责监理的工程师的解释时,按本通用条款第 37 条关于争议的约定处理。

3　语言文字和适用法律、标准及规范

3.1　语言文字

本合同文件使用汉语语言文字书写、解释和说明。如专用条款约定使用两种以上(含两种)语言文字时,汉语应为解释和说明本合同的标准语言文字。

在少数民族地区,双方可以约定使用少数民族语言文字书写和解释、说明本合同。

3.2 适用法律和法规

本合同文件适用国家的法律和行政法规。需要明示的法律、行政法规,由双方在专用条款中约定。

3.3 适用标准、规范

双方在专用条款内约定适用国家标准、规范的名称;没有国家标准、规范但有行业标准、规范的,约定适用行业标准、规范的名称;没有国家和行业标准、规范的,约定适用工程所在地地方标准、规范的名称。发包人应按专用条款约定的时间向承包人提供一式两份约定的标准、规范。

国内没有相应标准、规范的,由发包人按专用条款约定的时间向承包人提出施工技术要求,承包人按约定的时间和要求提出施工工艺,经发包人认可后执行。发包人要求使用国外标准、规范的,应负责提供中文译本。

本条所发生的购买、翻译标准、规范或制定施工工艺的费用,由发包人承担。

4 图纸

4.1 发包人应按专用条款约定的日期和套数,向承包人提供图纸。承包人需要增加图纸套数的,发包人应代为复制,复制费用由承包人承担。发包人对工程有保密要求的,应在专用条款中提出保密要求,保密措施费用由发包人承担,承包人在约定保密期限内履行保密义务。

4.2 承包人未经发包人同意,不得将本工程图纸转给第三人。工程质量保修期满后,除承包人存档需要的图纸外,应将全部图纸退还给发包人。

4.3 承包人应在施工现场保留一套完整的图纸,供工程师及有关人员进行工程检查时使用。

二、双方一般权利和义务

5 工程师

5.1 实行工程监理的,发包人应在实施监理前将委托的监理单位名称、监理内容及监理权限以书面形式通知承包人。

5.2 监理单位委派的总监理工程师在本合同中称工程师,其姓名、职务、职权由发包人、承包人在专用条款内写明。工程师按合同约定行使职权,发包人在专用条款内要求工程师在行使某些职权前需要征得发包人批准的,工程师应征得发包人批准。

5.3 发包人派驻施工场地履行合同的代表在本合同中也称工程师,其姓名、职务、职权由发包人在专用条款内写明,但职权不得与监理单位委派的总监理工程师职权相互交叉。双方职权发生交叉或不明确时,由发包人予以明确,并以书面形式通知承包人。

5.4 合同履行中,发生影响发包人、承包人双方权利或义务的事件时,负责监理的工程师应依据合同在其职权范围内客观公正地进行处理。一方对工程师的处理有异议时,按本通用条款第37条关于争议的约定处理。

5.5 除合同内有明确约定或经发包人同意外,负责监理的工程师无权解除本合同约定的承包人的任何权利与义务。

5.6 不实行工程监理的,本合同中工程师专指发包人派驻施工场地履行合同的代表,其具体职权由发包人在专用条款内写明。

6 工程师的委派和指令

6.1 工程师可委派工程师代表,行使合同约定的自己的职权,并可在认为必要时撤回委派。委派和撤回均应提前7天以书面形式通知承包人,负责监理的工程师还应将委派和撤回通知发包人。委派书和撤回通知作为本合同的附件。

工程师代表在工程师授权范围内向承包人发出的任何书面形式的函件,与工程师发出的函件具有同等效力。承包人对工程师代表向其发出的任何书面形式的函件有疑问时,可将此函件提交工程师,工程师应进行确认。工程师代表发出指令有失误时,工程师应进行纠正。

除工程师或工程师代表外,发包人派驻工地的其他人员均无权向承包人发出任何指令。

6.2 工程师的指令、通知由其本人签字后,以书面形式交给项目经理,项目经理在回执上签署姓名和收到时间后生效。确有必要时,工程师可发出口头指令,并在48小时内给予书面确认,承包人对工程师的指令应予执行。工程师不能及时给予书面确认的,承包人应于工程师发出口头指令后7天内提出书面确认要求。工程师在承包人提出确认要求后48小时内不予答复的,视为口头指令已被确认。

承包人认为工程师指令不合理,应在收到指令后24小时内向工程师提出修改指令的书面报告,工程师在收到承包人报告后24小时内作出修改指令或继续执行原指令的决定,并以书面形式通知承包人。紧急情况下,工程师要求承包人立即执行的指令或承包人虽有异议,但工程师决定仍继续执行的指令,承包人应予执行。因指令错误发生的追加合同价款和给承包人造成的损失由发包人承担,延误的工期相应顺延。

本款规定同样适用于由工程师代表发出的指令、通知。

6.3 工程师应按合同约定,及时向承包人提供所需指令、批准并履行约定的其他义务。由于工程师未能按合同约定履行义务造成工期延误,发包人应承担延误造成的追加合同价款,并赔偿承包人有关损失,顺延延误的工期。

6.4 如需更换工程师,发包人应至少提前7天以书面形式通知承包人,后任继续行使合同文件约定的前任的职权,履行前任的义务。

7 项目经理

7.1 项目经理的姓名、职务在专用条款内写明。

7.2 承包人依据合同发出的通知,以书面形式由项目经理签字后送交工程师,工程师在回执上签署姓名和收到时间后生效。

7.3 项目经理按发包人认可的施工组织设计(施工方案)和工程师依据合同发出的指令组织施工。在情况紧急且无法与工程师联系时,项目经理应当采取保证人员生命和工程、财产安全的紧急措施,并在采取措施后48小时内向工程师送交报告。责任在发包人或第三人,由发包人承担由此发生的追加合同价款,相应顺延工期;责任在承包人,由承包人承担费用,不顺延工期。

7.4 承包人如需要更换项目经理,应至少提前7天以书面形式通知发包人,并征得发包人同意。后任继续行使合同文件约定的前任的职权,履行前任的义务。

7.5 发包人可以与承包人协商,建议更换其认为不称职的项目经理。

8 发包人工作

8.1 发包人按专用条款约定的内容和时间完成以下工作:

(1)办理土地征用、拆迁补偿、平整施工场地等工作,使施工场地具备施工条件,在开工后继续负责解决以上事项遗留问题;

(2)将施工所需水、电、电讯线路从施工场地外部接至专用条款约定地点,保证施工期间的需要；

（3）开通施工场地与城乡公共道路的通道，以及专用条款约定的施工场地内的主要道路，满足施工运输的需要，保证施工期间的畅通；

（4）向承包人提供施工场地的工程地质和地下管线资料，对资料的真实准确性负责；

（5）办理施工许可证及其他施工所需证件、批件和临时用地、停水、停电、中断道路交通、爆破作业等的申请批准手续（证明承包人自身资质的证件除外）；

（6）确定水准点与坐标控制点，以书面形式交给承包人，进行现场交验；

（7）组织承包人和设计单位进行图纸会审和设计交底；

（8）协调处理施工场地周围地下管线和邻近建筑物、构筑物（包括文物保护建筑）、古树名木的保护工作，承担有关费用；

（9）发包人应做的其他工作，双方在专用条款内约定。

8.2　发包人可以将8.1款部分工作委托承包人办理，双方在专用条款内约定，其费用由发包人承担。

8.3　发包人未能履行8.1款各项义务，导致工期延误或给承包人造成损失的，发包人赔偿承包人有关损失，顺延延误的工期。

9　承包人工作

9.1　承包人按专用条款约定的内容和时间完成以下工作：

（1）根据发包人委托，在其设计资质等级和业务允许的范围内，完成施工图设计或与工程配套的设计，经工程师确认后使用，发包人承担由此发生的费用；

（2）向工程师提供年、季、月度工程进度计划及相应进度统计报表；

（3）根据工程需要，提供和维修非夜间施工使用的照明、围栏设施，并负责安全保卫；

（4）按专用条款约定的数量和要求，向发包人提供施工场地办公和生活的房屋及设施，发包人承担由此发生的费用；

（5）遵守政府有关主管部门对施工场地交通、施工噪音以及环境保护和安全生产等的管理规定，按规定办理有关手续，并以书面形式通知发包人，发包人承担由此发生的费用，因承包人责任造成的罚款除外；

（6）已竣工工程未交付发包人之前，承包人按专用条款约定负责已完工程的保护工作，保护期间发生损坏，承包人自费予以修复；发包人要求承包人采取特殊措施保护的工程部位和相应的追加合同价款，双方在专用条款内约定；

（7）按专用条款约定做好施工场地地下管线和邻近建筑物、构筑物（包括文物保护建筑）、古树名木的保护工作；

（8）保证施工场地清洁符合环境卫生管理的有关规定，交工前清理现场达到专用条款约定的要求，承担因自身原因违反有关规定造成的损失和罚款；

（9）承包人应做的其他工作，双方在专用条款内约定。

9.2　承包人未能履行9.1款各项义务，造成发包人损失的，承包人赔偿发包人有关损失。

三、施工组织设计和工期

10　进度计划

10.1　承包人应按专用条款约定的日期，将施工组织设计和工程进度计划提交工程师，工程师按专用条款约定的时间予以确认或提出修改意见,逾期不确认也不提出书面意见的,视为同意。

10.2　群体工程中单位工程分期进行施工的,承包人应按照发包人提供图纸及有关资料的时间,按单位工程编制进度计划,其具体内容双方在专用条款中约定。

10.3　承包人必须按工程师确认的进度计划组织施工,接受工程师对进度的检查、监督。工程实际进度与经确认的进度计划不符时,承包人应按工程师的要求提出改进措施,经工程师确认后执行。因承包人的原因导致实际进度与进度计划不符,承包人无权就改进措施提出追加合同价款。

11　开工及延期开工

11.1　承包人应按照协议书约定的开工日期开工。承包人不能按时开工,应当不迟于协议书约定的开工日期前 7 天,以书面形式向工程师提出延期开工的理由和要求。工程师应当在接到延期开工申请后的 48 小时内以书面形式答复承包人。工程师在接到延期开工申请后 48 小时内不答复,视为同意承包人要求,工期相应顺延。工程师不同意延期要求或承包人未在规定时间内提出延期开工要求,工期不予顺延。

11.2　因发包人原因不能按照协议书约定的开工日期开工,工程师应以书面形式通知承包人,推迟开工日期。发包人赔偿承包人因延期开工造成的损失,并相应顺延工期。

12　暂停施工

工程师认为确有必要暂停施工时,应当以书面形式要求承包人暂停施工,并在提出要求后 48 小时内提出书面处理意见。承包人应当按工程师要求停止施工,并妥善保护已完工程。承包人实施工程师作出的处理意见后,可以书面形式提出复工要求,工程师应当在 48 小时内给予答复。工程师未能在规定时间内提出处理意见,或收到承包人复工要求后 48 小时内未予答复,承包人可自行复工。因发包人原因造成停工的,由发包人承担所发生的追加合同价款,赔偿承包人由此造成的损失,相应顺延工期;因承包人原因造成停工的,由承包人承担发生的费用,工期不予顺延。

13　工期延误

13.1　因以下原因造成工期延误,经工程师确认,工期相应顺延:

(1) 发包人未能按专用条款的约定提供图纸及开工条件;

(2) 发包人未能按约定日期支付工程预付款、进度款,致使施工不能正常进行;

(3) 工程师未按合同约定提供所需指令、批准等,致使施工不能正常进行;

(4) 设计变更和工程量增加;

(5) 一周内非承包人原因停水、停电、停气造成停工累计超过 8 小时;

(6) 不可抗力;

(7) 专用条款中约定或工程师同意工期顺延的其他情况。

13.2　承包人在 13.1 款情况发生后 14 天内,就延误的工期以书面形式向工程师提出报告。工程师在收到报告后 14 天内予以确认,逾期不予确认也不提出修改意见,视为同意顺延工期。

14　工程竣工

14.1　承包人必须按照协议书约定的竣工日期或工程师同意顺延的工期竣工。

14.2　因承包人原因不能按照协议书约定的竣工日期或工程师同意顺延的工期竣工

的,承包人承担违约责任。

14.3 施工中发包人如需提前竣工,双方协商一致后应签订提前竣工协议,作为合同文件组成部分。提前竣工协议应包括承包人为保证工程质量和安全采取的措施、发包人为提前竣工提供的条件以及提前竣工所需的追加合同价款等内容。

四、质量与检验

15 工程质量

15.1 工程质量应当达到协议书约定的质量标准,质量标准的评定以国家或行业的质量检验评定标准为依据。因承包人原因工程质量达不到约定的质量标准,承包人承担违约责任。

15.2 双方对工程质量有争议,由双方同意的工程质量检测机构鉴定,所需费用及因此造成的损失,由责任方承担。双方均有责任,由双方根据其责任分别承担。

16 检查和返工

16.1 承包人应认真按照标准、规范和设计图纸要求以及工程师依据合同发出的指令施工,随时接受工程师的检查检验,为检查检验提供便利条件。

16.2 工程质量达不到约定标准的部分,工程师一经发现,应要求承包人拆除和重新施工,承包人应按工程师的要求拆除和重新施工,直到符合约定标准。因承包人原因达不到约定标准,由承包人承担拆除和重新施工的费用,工期不予顺延。

16.3 工程师的检查检验不应影响施工正常进行。如影响施工正常进行,检查检验不合格时,影响正常施工的费用由承包人承担。除此之外,影响正常施工的追加合同价款由发包人承担,相应顺延工期。

16.4 因工程师指令失误或其他非承包人原因发生的追加合同价款,由发包人承担。

17 隐蔽工程和中间验收

17.1 工程具备隐蔽条件或达到专用条款约定的中间验收部位,承包人进行自检,并在隐蔽或中间验收前 48 小时以书面形式通知工程师验收。通知包括隐蔽和中间验收的内容、验收时间和地点。承包人准备验收记录,验收合格,工程师在验收记录上签字后,承包人可进行隐蔽和继续施工。验收不合格,承包人在工程师限定的时间内修改后重新验收。

17.2 工程师不能按时进行验收,应在验收前 24 小时以书面形式向承包人提出延期要求,延期不能超过 48 小时。工程师未能按以上时间提出延期要求,不进行验收,承包人可自行组织验收,工程师应承认验收记录。

17.3 经工程师验收,工程质量符合标准、规范和设计图纸等要求,验收 24 小时后,工程师不在验收记录上签字,视为工程师已经认可验收记录,承包人可进行隐蔽或继续施工。

18 重新检验

无论工程师是否进行验收,当其要求对已经隐蔽的工程重新检验时,承包人应按要求进行剥离或开孔,并在检验后重新覆盖或修复。检验合格,发包人承担由此发生的全部追加合同价款,赔偿承包人损失,并相应顺延工期。检验不合格,承包人承担发生的全部费用,工期不予顺延。

19 工程试车

19.1 双方约定需要试车的,试车内容应与承包人承包的安装范围相一致。

19.2 设备安装工程具备单机无负荷试车条件,承包人组织试车,并在试车前 48 小时以书面形式通知工程师。通知包括试车内容、时间、地点。承包人准备试车记录,发包人根据承包人要求为试车提供必要条件。试车合格,工程师在试车记录上签字。

19.3 工程师不能按时参加试车,须在开始试车前24小时以书面形式向承包人提出延期要求,延期不能超过48小时。工程师未能按以上时间提出延期要求,不参加试车,应承认试车记录。

19.4 设备安装工程具备无负荷联动试车条件,发包人组织试车,并在试车前48小时内以书面形式通知承包人。通知包括试车内容、时间、地点和对承包人的要求,承包人按要求做好准备工作。试车合格,双方在试车记录上签字。

19.5 双方责任

(1) 由于设计原因试车达不到验收要求,发包人应要求设计单位修改设计,承包人按修改后的设计重新安装。发包人承担修改设计、拆除及重新安装的全部费用和追加合同价款,工期相应顺延。

(2) 由于设备制造原因试车达不到验收要求,由该设备采购一方负责重新购置或修理,承包人负责拆除和重新安装。设备由承包人采购的,由承包人承担修理或重新购置、拆除及重新安装的费用,工期不予顺延;设备由发包人采购的,发包人承担上述各项追加合同价款,工期相应顺延。

(3) 由于承包人施工原因试车达不到验收要求,承包人按工程师要求重新安装和试车,并承担重新安装和试车的费用,工期不予顺延。

(4) 试车费用除已包括在合同价款之内或专用条款另有约定外,均由发包人承担。

(5) 工程师在试车合格后不在试车记录上签字,试车结束24小时后,视为工程师已经认可试车记录,承包人可继续施工或办理竣工手续。

19.6 投料试车应在工程竣工验收后由发包人负责,如发包人要求在工程竣工验收前进行或需要承包人配合时,应征得承包人同意,另行签订补充协议。

五、安全施工

20 安全施工与检查

20.1 承包人应遵守工程建设安全生产有关管理规定,严格按安全标准组织施工,并随时接受行业安全检查人员依法实施的监督检查,采取必要的安全防护措施,消除事故隐患。由于承包人安全措施不力造成事故的责任和因此发生的费用,由承包人承担。

20.2 发包人应对其在施工场地的工作人员进行安全教育,并对他们的安全负责。发包人不得要求承包人违反安全管理的规定进行施工。因发包人原因导致的安全事故,由发包人承担相应责任及发生的费用。

21 安全防护

21.1 承包人在动力设备、输电线路、地下管道、密封防震车间、易燃易爆地段以及临街交通要道附近施工时,施工开始前应向工程师提出安全防护措施,经工程师认可后实施。防护措施费用由发包人承担。

21.2 实施爆破作业,在放射、毒害性环境中施工(含储存、运输、使用)及使用毒害性、腐蚀性物品施工时,承包人应在施工前14天以书面通知工程师,并提出相应的安全防护措施,经工程师认可后实施,由发包人承担安全防护措施费用。

22 事故处理

22.1 发生重大伤亡及其他安全事故,承包人应按有关规定立即上报有关部门并通知工程师,同时按政府有关部门要求处理,由事故责任方承担发生的费用。

22.2 发包人、承包人对事故责任有争议时,应按政府有关部门的认定处理。

六、合同价款与支付

23 合同价款及调整

23.1 招标工程的合同价款由发包人、承包人依据中标通知书中的中标价格在协议书内约定。非招标工程的合同价款由发包人、承包人依据工程预算书在协议书内约定。

23.2 合同价款在协议书内约定后,任何一方不得擅自改变。下列三种确定合同价款的方式,双方可在专用条款内约定采用其中一种:

(1) 固定价格合同。双方在专用条款内约定合同价款包含的风险范围和风险费用的计算方法,在约定的风险范围内合同价款不再调整。风险范围以外的合同价款调整方法,应当在专用条款内约定。

(2) 可调价格合同。合同价款可根据双方的约定而调整,双方在专用条款内约定合同价款调整方法。

(3) 成本加酬金合同。合同价款包括成本和酬金两部分,双方在专用条款内约定成本构成和酬金的计算方法。

23.3 可调价格合同中合同价款的调整因素包括:

(1) 法律、行政法规和国家有关政策变化影响合同价款;

(2) 工程造价管理部门公布的价格调整;

(3) 一周内非承包人原因停水、停电、停气造成停工累计超过 8 小时;

(4) 双方约定的其他因素。

23.4 承包人应当在 23.3 款情况发生后 14 天内,将调整原因、金额以书面形式通知工程师,工程师确认调整金额后作为追加合同价款,与工程款同期支付。工程师收到承包人通知后 14 天内不予确认也不提出修改意见,视为已经同意该项调整。

24 工程预付款

实行工程预付款的,双方应当在专用条款内约定发包人向承包人预付工程款的时间和数额,开工后按约定的时间和比例逐次扣回。预付时间应不迟于约定的开工日期前 7 天。发包人不按约定预付,承包人在约定预付时间 7 天后向发包人发出要求预付的通知,发包人收到通知后仍不能按要求预付,承包人可在发出通知后 7 天停止施工,发包人应从约定应付之日起向承包人支付应付款的贷款利息,并承担违约责任。

25 工程量的确认

25.1 承包人应按专用条款约定的时间,向工程师提交已完工程量的报告。工程师接到报告后 7 天内按设计图纸核实已完工程量(以下称计量),并在计量前 24 小时通知承包人,承包人为计量提供便利条件并派人参加。承包人收到通知后不参加计量,计量结果有效,作为工程价款支付的依据。

25.2 工程师收到承包人报告后 7 天内未进行计量,从第 8 天起,承包人报告中开列的工程量即视为被确认,作为工程价款支付的依据。工程师不按约定时间通知承包人,致使承包人未能参加计量,计量结果无效。

25.3 对承包人超出设计图纸范围和因承包人原因造成返工的工程量,工程师不予计量。

26 工程款(进度款)支付

26.1 在确认计量结果后 14 天内,发包人应向承包人支付工程款(进度款)。按约定时间发包人应扣回的预付款,与工程款(进度款)同期结算。

26.2 本通用条款第 23 条确定调整的合同价款,第 31 条工程变更调整的合同价款及其他条款中约定的追加合同价款,应与工程款(进度款)同期调整支付。

26.3 发包人超过约定的支付时间不支付工程款(进度款),承包人可向发包人发出要求付款的通知,发包人收到承包人通知后仍不能按要求付款,可与承包人协商签订延期付款协议,经承包人同意后可延期支付。协议应明确延期支付的时间和从计量结果确认后第 15 天起计算应付款的贷款利息。

26.4 发包人不按合同约定支付工程款(进度款),双方又未达成延期付款协议,导致施工无法进行,承包人可停止施工,由发包人承担违约责任。

七、材料设备供应

27 发包人供应材料设备

27.1 实行发包人供应材料设备的,双方应当约定发包人供应材料设备的一览表,作为本合同附件(附件 2)。一览表包括发包人供应材料设备的品种、规格、型号、数量、单价、质量等级、提供时间和地点。

27.2 发包人按一览表约定的内容提供材料设备,并向承包人提供产品合格证明,对其质量负责。发包人在所供材料设备到货前 24 小时,以书面形式通知承包人,由承包人派人与发包人共同清点。

27.3 发包人供应的材料设备,承包人派人参加清点后由承包人妥善保管,发包人支付相应保管费用。因承包人原因发生丢失损坏,由承包人负责赔偿。

发包人未通知承包人清点,承包人不负责材料设备的保管,丢失、损坏由发包人负责。

27.4 发包人供应的材料设备与一览表不符时,发包人承担有关责任。发包人应承担责任的具体内容,双方根据下列情况在专用条款内约定:

(1) 材料设备单价与一览表不符,由发包人承担所有价差;

(2) 材料设备的品种、规格、型号、质量等级与一览表不符,承包人可拒绝接收保管,由发包人运出施工场地并重新采购;

(3) 发包人供应的材料规格、型号与一览表不符,经发包人同意,承包人可代为调剂串换,由发包人承担相应费用;

(4) 到货地点与一览表不符,由发包人负责运至一览表指定地点;

(5) 供应数量少于一览表约定的数量时,由发包人补齐,多于一览表约定数量时,发包人负责将多出部分运出施工场地;

(6) 到货时间早于一览表约定时间,由发包人承担因此发生的保管费用;到货时间迟于一览表约定的供应时间,发包人赔偿由此造成的承包人损失,造成工期延误的,相应顺延工期。

27.5 发包人供应的材料设备使用前,由承包人负责检验或试验,不合格的不得使用,检验或试验费用由发包人承担。

27.6 发包人供应材料设备的结算方法,双方在专用条款内约定。

28 承包人采购材料设备

28.1 承包人负责采购材料设备的,应按照专用条款约定及设计和有关标准要求采购,并提供产品合格证明,对材料设备质量负责。承包人在材料设备到货前 24 小时通知工程师清点。

28.2 承包人采购的材料设备与设计或标准要求不符时,承包人应按工程师要求的时间运出施工场地,重新采购符合要求的产品,承担由此发生的费用,由此延误的工期不予顺延。

28.3 承包人采购的材料设备在使用前,承包人应按工程师的要求进行检验或试验,不合格的不得使用,检验或试验费用由承包人承担。

28.4 工程师发现承包人采购并使用不符合设计或标准要求的材料设备时,应要求承包人负责修复、拆除或重新采购,由承包人承担发生的费用,由此延误的工期不予顺延。

28.5 承包人需要使用代用材料时,应经工程师认可后才能使用,由此增减的合同价款双方以书面形式议定。

28.6 由承包人采购的材料设备,发包人不得指定生产厂或供应商。

八、工程变更

29 工程设计变更

29.1 施工中发包人需对原工程设计进行变更,应提前 14 天以书面形式向承包人发出变更通知。变更超过原设计标准或批准的建设规模时,发包人应报规划管理部门和其他有关部门重新审查批准,并由原设计单位提供变更的相应图纸和说明。承包人按照工程师发出的变更通知及有关要求,进行下列需要的变更:

(1) 更改工程有关部分的标高、基线、位置和尺寸;

(2) 增减合同中约定的工程量;

(3) 改变有关工程的施工时间和顺序;

(4) 其他有关工程变更需要的附加工作。

因变更导致合同价款的增减及造成的承包人损失,由发包人承担,延误的工期相应顺延。

29.2 施工中承包人不得对原工程设计进行变更。因承包人擅自变更设计发生的费用和由此导致发包人的直接损失,由承包人承担,延误的工期不予顺延。

29.3 承包人在施工中提出的合理化建议涉及对设计图纸或施工组织设计的更改及对材料、设备的换用,须经工程师同意。未经同意擅自更改或换用时,承包人承担由此发生的费用,并赔偿发包人的有关损失,延误的工期不予顺延。

工程师同意采用承包人合理化建议,所发生的费用和获得的收益,发包人、承包人另行约定分担或分享。

30 其他变更

合同履行中发包人要求变更工程质量标准及发生其他实质性变更,由双方协商解决。

31 确定变更价款

31.1 承包人在工程变更确定后 14 天内,提出变更工程价款的报告,经工程师确认后调整合同价款。变更合同价款按下列方法进行:

(1) 合同中已有适用于变更工程的价格,按合同已有的价格变更合同价款;

（2）合同中只有类似于变更工程的价格，可以参照类似价格变更合同价款；

（3）合同中没有适用或类似于变更工程的价格，由承包人提出适当的变更价格，经工程师确认后执行。

31.2　承包人在双方确定变更后 14 天内不向工程师提出变更工程价款报告时，视为该项变更不涉及合同价款的变更。

31.3　工程师应在收到变更工程价款报告之日起 14 天内予以确认，工程师无正当理由不确认时，自变更工程价款报告送达之日起 14 天后视为变更工程价款报告已被确认。

31.4　工程师不同意承包人提出的变更价款，按本通用条款第 37 条关于争议的约定处理。

31.5　工程师确认增加的工程变更价款作为追加合同价款，与工程款同期支付。

31.6　因承包人自身原因导致的工程变更，承包人无权要求追加合同价款。

九、竣工验收与结算

32　竣工验收

32.1　工程具备竣工验收条件，承包人按国家工程竣工验收有关规定，向发包人提供完整的竣工资料及竣工验收报告。双方约定由承包人提供竣工图的，应当在专用条款内约定提供的日期和份数。

32.2　发包人收到竣工验收报告后 28 天内组织有关单位验收，并在验收后 14 天内给予认可或提出修改意见。承包人按要求修改，并承担由自身原因造成修改的费用。

32.3　发包人收到承包人送交的竣工验收报告后 28 天内不组织验收，或验收后 14 天内不提出修改意见，视为竣工验收报告已被认可。

32.4　工程竣工验收通过，承包人送交竣工验收报告的日期为实际竣工日期。工程按发包人要求修改后通过竣工验收的，实际竣工日期为承包人修改后提请发包人验收的日期。

32.5　发包人收到承包人竣工验收报告后 28 天内不组织验收，从第 29 天起承担工程保管及一切意外责任。

32.6　中间交工工程的范围和竣工时间，双方在专用条款内约定，其验收程序按本通用条款 32.1 款至 32.4 款办理。

32.7　因特殊原因，发包人要求部分单位工程或工程部位甩项竣工的，双方另行签订甩项竣工协议，明确双方责任和工程价款的支付方法。

32.8　工程未经竣工验收或竣工验收未通过的，发包人不得使用。发包人强行使用时，由此发生的质量问题及其他问题，由发包人承担责任。

33　竣工结算

33.1　工程竣工验收报告经发包人认可后 28 天内，承包人向发包人递交竣工结算报告及完整的结算资料，双方按照协议书约定的合同价款及专用条款约定的合同价款调整内容，进行工程竣工结算。

33.2　发包人收到承包人递交的竣工结算报告及结算资料后 28 天内进行核实，给予确认或者提出修改意见。发包人确认竣工结算报告，通知经办银行向承包人支付工程竣工结算价款。承包人收到竣工结算价款后 14 天内将竣工工程交付发包人。

33.3　发包人收到竣工结算报告及结算资料后 28 天内无正当理由不支付工程竣工结算价款，从第 29 天起按承包人同期向银行贷款利率支付拖欠工程价款的利息，并承担违约责任。

33.4 发包人收到竣工结算报告及结算资料后28天内不支付工程竣工结算价款,承包人可以催告发包人支付结算价款。发包人在收到竣工结算报告及结算资料后56天内仍不支付的,承包人可以与发包人协议将该工程折价,也可以由承包人申请人民法院将该工程依法拍卖,承包人就该工程折价或者拍卖的价款优先受偿。

33.5 工程竣工验收报告经发包人认可后28天内,承包人未能向发包人递交竣工结算报告及完整的结算资料,造成工程竣工结算不能正常进行或工程竣工结算价款不能及时支付,发包人要求交付工程的,承包人应当交付;发包人不要求交付工程的,承包人承担保管责任。

33.6 发包人、承包人对工程竣工结算价款发生争议时,按本通用条款第37条关于争议的约定处理。

34 质量保修

34.1 承包人应按法律、行政法规或国家关于工程质量保修的有关规定,对交付发包人使用的工程在质量保修期内承担质量保修责任。

34.2 质量保修工作的实施。承包人应在工程竣工验收之前,与发包人签订质量保修书,作为本合同附件(附件3)。

34.3 质量保修书的主要内容包括:

(1) 质量保修项目内容及范围;

(2) 质量保修期;

(3) 质量保修责任;

(4) 质量保修金的支付方法。

十、违约、索赔和争议

35 违约

35.1 发包人违约。当发生下列情况时:

(1) 本通用条款第24条提到的发包人不按时支付工程预付款;

(2) 本通用条款第26.4款提到的发包人不按合同约定支付工程款,导致施工无法进行;

(3) 本通用条款第33.3款提到的发包人无正当理由不支付工程竣工结算价款;

(4) 发包人不履行合同义务或不按合同约定履行义务的其他情况。

发包人承担违约责任,赔偿因其违约给承包人造成的经济损失,顺延延误的工期。双方在专用条款内约定发包人赔偿承包人损失的计算方法或者发包人应当支付违约金的数额或计算方法。

35.2 承包人违约。当发生下列情况时:

(1) 本通用条款第14.2款提到的因承包人原因不能按照协议书约定的竣工日期或工程师同意顺延的工期竣工;

(2) 本通用条款第15.1款提到的因承包人原因工程质量达不到协议书约定的质量标准;

(3) 承包人不履行合同义务或不按合同约定履行义务的其他情况。

承包人承担违约责任,赔偿因其违约给发包人造成的损失。双方在专用条款内约定承包人赔偿发包人损失的计算方法或者承包人应当支付违约金的数额或计算方法。

35.3　一方违约后,另一方要求违约方继续履行合同时,违约方承担上述违约责任后仍应继续履行合同。

36　索赔

36.1　当一方向另一方提出索赔时,要有正当索赔理由,且有索赔事件发生时的有效证据。

36.2　发包人未能按合同约定履行自己的各项义务或发生错误以及应由发包人承担责任的其他情况,造成工期延误和(或)承包人不能及时得到合同价款及承包人的其他经济损失,承包人可按下列程序以书面形式向发包人索赔:

(1)索赔事件发生后28天内,向工程师发出索赔意向通知;

(2)发出索赔意向通知后28天内,向工程师提出延长工期和(或)补偿经济损失的索赔报告及有关资料;

(3)工程师在收到承包人送交的索赔报告和有关资料后,于28天内给予答复,或要求承包人进一步补充索赔理由和证据;

(4)工程师在收到承包人送交的索赔报告和有关资料后28天内未予答复或未对承包人作进一步要求,视为该项索赔已经认可;

(5)当该索赔事件持续进行时,承包人应当阶段性地向工程师发出索赔意向,在索赔事件终了后28天内,向工程师送交索赔的有关资料和最终索赔报告,索赔答复程序与(3)、(4)规定相同。

36.3　承包人未能按合同约定履行自己的各项义务或发生错误,给发包人造成经济损失,发包人可按36.2款确定的时限向承包人提出索赔。

37　争议

37.1　发包人、承包人在履行合同时发生争议,可以和解或者要求有关主管部门调解。当事人不愿和解、调解或者和解、调解不成的,双方可以在专用条款内约定以下一种方式解决争议:

第一种解决方式:双方达成仲裁协议,向约定的仲裁委员会申请仲裁;

第二种解决方式:向有管辖权的人民法院起诉。

37.2　发生争议后,除非出现下列情况,双方都应继续履行合同,保持施工连续,保护好已完工程:

(1)单方违约导致合同确已无法履行,双方协议停止施工;

(2)调解要求停止施工,且为双方接受;

(3)仲裁机构要求停止施工;

(4)法院要求停止施工。

十一、其他

38　工程分包

38.1　承包人按专用条款的约定分包所承包的部分工程,并与分包单位签订分包合同。非经发包人同意,承包人不得将承包工程的任何部分分包。

38.2　承包人不得将其承包的全部工程转包给他人,也不得将其承包的全部工程肢解以后以分包的名义分别转包给他人。

38.3　工程分包不能解除承包人任何责任与义务。承包人应在分包场地派驻相应管理人员,保证本合同的履行。分包单位的任何违约行为或疏忽导致工程损害或给发包人造成其他损失,承包人承担连带责任。

38.4 分包工程价款由承包人与分包单位结算。发包人未经承包人同意不得以任何形式向分包单位支付各种工程款项。

39 不可抗力

39.1 不可抗力包括因战争、动乱、空中飞行物体坠落或其他非发包人、承包人责任造成的爆炸、火灾,以及专用条款约定的风、雨、雪、洪、震等自然灾害。

39.2 不可抗力事件发生后,承包人应立即通知工程师,并在力所能及的条件下迅速采取措施,尽力减少损失,发包人应协助承包人采取措施。工程师认为应当暂停施工的,承包人应暂停施工。不可抗力事件结束后48小时内承包人向工程师通报受害情况和损失情况,及预计清理和修复的费用。不可抗力事件持续发生,承包人应每隔7天向工程师报告一次受害情况。不可抗力事件结束后14天内,承包人向工程师提交清理和修复费用的正式报告及有关资料。

39.3 因不可抗力事件导致的费用及延误的工期由双方按以下方法分别承担:

(1) 工程本身的损害、因工程损害导致第三人人员伤亡和财产损失以及运至施工场地用于施工的材料和待安装的设备的损害,由发包人承担;

(2) 发包人、承包人人员伤亡由其所在单位负责,并承担相应费用;

(3) 承包人机械设备损坏及停工损失,由承包人承担;

(4) 停工期间,承包人应工程师要求留在施工场地的必要的管理人员及保卫人员的费用由发包人承担;

(5) 工程所需清理、修复费用,由发包人承担;

(6) 延误的工期相应顺延。

39.4 因合同一方迟延履行合同后发生不可抗力的,不能免除迟延履行方的相应责任。

40 保险

40.1 工程开工前,发包人为建设工程和施工场内的自有人员及第三人人员生命财产办理保险,支付保险费用。

40.2 运至施工场地内用于工程的材料和待安装设备,由发包人办理保险,并支付保险费用。

40.3 发包人可以将有关保险事项委托承包人办理,费用由发包人承担。

40.4 承包人必须为从事危险作业的职工办理意外伤害保险,并为施工场地内自有人员生命财产和施工机械设备办理保险,支付保险费用。

40.5 保险事故发生时,发包人、承包人有责任尽力采取必要的措施,防止或者减少损失。

40.6 具体投保内容和相关责任,发包人、承包人在专用条款中约定。

41 担保

41.1 发包人、承包人为了全面履行合同,应互相提供以下担保:

(1) 发包人向承包人提供履约担保,按合同约定支付工程价款及履行合同约定的其他义务;

(2) 承包人向发包人提供履约担保,按合同约定履行自己的各项义务。

41.2 一方违约后,另一方可要求提供担保的第三人承担相应责任。

41.3 提供担保的内容、方式和相关责任,发包人、承包人除在专用条款中约定外,被担保方与担保方还应签订担保合同,作为本合同附件。

42 专利技术及特殊工艺

42.1 发包人要求使用专利技术或特殊工艺,应负责办理相应的申报手续,承担申报、试验、使用等费用;承包人提出使用专利技术或特殊工艺,应取得工程师认可,承包人负责办理申报手续并承担有关费用。

42.2 擅自使用专利技术侵犯他人专利权的,责任者依法承担相应责任。

43 文物和地下障碍物

43.1 在施工中发现古墓、古建筑遗址等文物及化石或其他有考古、地质研究等价值的物品时,承包人应立即保护好现场并于4小时内以书面形式通知工程师,工程师应于收到书面通知后24小时内报告当地文物管理部门,发包人、承包人按文物管理部门的要求采取妥善的保护措施。发包人承担由此发生的费用,顺延延误的工期。

如发现后隐瞒不报,致使文物遭受破坏,责任者依法承担相应责任。

43.2 施工中出现影响施工的地下障碍物时,承包人应于8小时内以书面形式通知工程师,同时提出处置方案,工程师收到处置方案后24小时内予以认可或提出修正方案。发包人承担由此发生的费用,顺延延误的工期。

所发现的地下障碍物有归属单位时,发包人应报请有关部门协同处置。

44 合同解除

44.1 发包人、承包人协商一致,可以解除合同。

44.2 发生本通用条款第26.4款情况,停止施工超过56天,发包人仍不支付工程款(进度款),承包人有权解除合同。

44.3 发生本通用条款第38.2款禁止的情况,承包人将其承包的全部工程转包给他人或者肢解以后以分包的名义分别转包给他人,发包人有权解除合同。

44.4 有下列情形之一的,发包人、承包人可以解除合同:

(1)因不可抗力致使合同无法履行;

(2)因一方违约(包括因发包人原因造成工程停建或缓建)致使合同无法履行。

44.5 一方依据第44.2、44.3、44.4款约定要求解除合同的,应以书面形式向对方发出解除合同的通知,并在发出通知前7天告知对方,通知到达对方时合同解除。对解除合同有争议的,按本通用条款第37条关于争议的约定处理。

44.6 合同解除后,承包人应妥善做好已完工程和已购材料、设备的保护和移交工作,按发包人要求将自有机械设备和人员撤出施工场地。发包人应为承包人撤出提供必要条件,支付以上所发生的费用,并按合同约定支付已完工程价款。已经订货的材料、设备由订货方负责退货或解除订货合同,不能退还的货款和因退货、解除订货合同发生的费用,由发包人承担,因未及时退货造成的损失由责任方承担。除此之外,有过错的一方应当赔偿因合同解除给对方造成的损失。

44.7 合同解除后,不影响双方在合同中约定的结算和清理条款的效力。

45 合同生效与终止

45.1 双方在协议书中约定合同生效方式。

45.2 除本通用条款第34条外,发包人、承包人履行合同全部义务,竣工结算价款支付完毕，承包人向发包人交付竣工工程后，本合同即告终止。

45.3 合同的权利义务终止后，发包人、承包人应当遵循诚实信用原则，履行通知、协助、保密等义务。

46 合同份数

46.1 本合同正本两份，具有同等效力，由发包人、承包人分别保存一份。

46.2 本合同副本份数，由双方根据需要在专用条款内约定。

47 补充条款

双方根据有关法律、行政法规规定，结合工程实际，经协商一致后，可对本通用条款内容具体化、补充或修改，在专用条款内约定。

附录3 施工阶段监理工作的基本表式

A1

工程开工/复工报审表

工程名称：   编号：

致：(监理单位)
　　我方承担的＿＿＿＿＿＿＿＿＿＿＿＿＿＿＿＿＿＿＿＿＿＿＿工程，已完成了以下各项工作，具备了开
工/复工条件，特此申请施工，请核查并签发开工/复工指令。
　　附：1. 开工报告
　　　　2. 证明文件

承包单位(章)＿＿＿＿＿＿＿＿＿＿＿

项目经理＿＿＿＿＿＿＿＿＿＿＿

日　期＿＿＿＿＿＿＿＿＿＿＿

审查意见：

项目监理机构＿＿＿＿＿＿＿＿＿＿＿

总监理工程师＿＿＿＿＿＿＿＿＿＿＿

日　期＿＿＿＿＿＿＿＿＿＿＿

A2

施工组织设计(方案)报审表

工程名称: 　　　　　　　　　　　　　　　　　　　　　　　　　编号:

致:(监理单位) 　　我方已根据施工合同的有关规定完成了 ＿＿＿＿＿＿＿＿＿＿＿＿＿＿＿＿＿＿＿＿＿＿ 工程施工组织设计方案的编制,并经我单位上级技术负责人审查批准,请予以审查。 　　附:施工组织设计方案   　　　　　　　　　　　　　　　　　　　　　　承包单位(章)＿＿＿＿＿＿＿＿＿＿ 　　　　　　　　　　　　　　　　　　　　　　项目经理＿＿＿＿＿＿＿＿＿＿ 　　　　　　　　　　　　　　　　　　　　　　日　期＿＿＿＿＿＿＿＿＿＿
专业监理工程师审查意见: 　　　　　　　　　　　　　　　　　　　　　　专业监理工程师＿＿＿＿＿＿＿＿＿＿ 　　　　　　　　　　　　　　　　　　　　　　日　期＿＿＿＿＿＿＿＿＿＿
总监理工程师审核意见: 　　　　　　　　　　　　　　　　　　　　　　项目监理机构＿＿＿＿＿＿＿＿＿＿ 　　　　　　　　　　　　　　　　　　　　　　总监理工程师＿＿＿＿＿＿＿＿＿＿ 　　　　　　　　　　　　　　　　　　　　　　日　期＿＿＿＿＿＿＿＿＿＿

分包单位资质报审表

工程名称： 编号：

致：(监理单位)

经考察，我方认为拟选择的＿＿＿＿＿＿＿＿＿＿＿＿＿＿＿＿＿＿＿＿＿分包单位具有承担下列
工程的施工资质和施工能力，可以保证本工程项目按合同的规定进行施工，分包后，我方仍承担总包单
位的全部责任，请予以审查和批准。

　　附：1. 分包单位资质材料。
　　　　2. 分包单位业绩材料。

分包工程名称(部位)	工程数量	拟分包工程合同额	分包工程占全部工程
合　　计			

承包单位(章)＿＿＿＿＿＿＿＿＿＿
项目经理＿＿＿＿＿＿＿＿＿＿
日　　期＿＿＿＿＿＿＿＿＿＿

专业监理工程师审查意见：

专业监理工程师＿＿＿＿＿＿＿＿＿＿
日　　期＿＿＿＿＿＿＿＿＿＿

总监理工程师审核意见：

项目监理机构＿＿＿＿＿＿＿＿＿＿
总监理工程师＿＿＿＿＿＿＿＿＿＿
日　　期＿＿＿＿＿＿＿＿＿＿

A4

_____ 报验申请表

工程名称：   编号：

致：(监理单位)
    我单位已完成了_____工作,现报上该工程报验申请表,请予以审查和验收。
    附件：

承包单位(章)_____

项目经理_____

日　期_____

审查意见：

项目监理机构_____

总/专业监理工程师_____

日　期_____

工程款支付申请表

工程名称：   编号：

致：（监理单位）

我方已完成了_____工作，按施工合同的规定，建设单位应在 _____ 年 _____ 月 _____ 日前支付该项工程款共（大写）_____（小写：_____）。现报上_____工程付款申请表，请予以审查并开具工程款支付证书。

附件：1. 工程量清单

2. 计算方法

承包单位（章）_____

项目经理_____

日 期_____

A6

监理工程师通知回复单

工程名称：   编号：

致：(监理单位) 　　我方接到编号为 _____ 的监理工程师通知后，已按要求完成了 _____ 工作，现报上，请予以复查。 　　详细内容：   　　　　　　　　　　　　　　　　　　　　承包单位(章)_____ 　　　　　　　　　　　　　　　　　　　　项目经理_____ 　　　　　　　　　　　　　　　　　　　　日　期_____
复查意见：   　　　　　　　　　　　　　　　　　　　　项目监理机构_____ 　　　　　　　　　　　　　　　　　　　　总/专业监理工程师_____ 　　　　　　　　　　　　　　　　　　　　日　期_____

工程临时延期申请表

工程名称：   编号：

致：(监理单位)
　　根据施工合同条款＿＿＿＿＿＿＿＿＿＿＿＿条的规定，由于＿＿＿＿＿＿＿＿＿＿＿原因，我方申请工程延期，请予以批准。
　　附件：
　　1. 工程延期的依据及工期计算

　　　

合同竣工日期
申请延长竣工日期
　　2. 证明材料

　　　　　　　　　　　　　　　　　　承包单位(章)＿＿＿＿＿＿＿＿＿＿
　　　　　　　　　　　　　　　　　　　　项目经理＿＿＿＿＿＿＿＿＿＿
　　　　　　　　　　　　　　　　　　　　日　　期＿＿＿＿＿＿＿＿＿＿

A8

费用索赔申请表

工程名称：   编号：

致：（监理单位）

　　根据施工合同条款_____条的规定，由于_____的原因，我方要求
索赔，金额（大写）_____，请予以批准。

　　索赔的详细理由及经过：

　　索赔金额的计算：

　　附：证明材料

承包单位（章）_____

项目经理_____

日　　期_____

工程材料/构配件/设备报审表

工程名称：   编号：

致:(监理单位)

我方于_____年_____月_____日进场的工程材料/构配件/设备数量如下(见附件)。现将质量证明文件及自检结果报上,拟用于下述部位:

_____

_____,

请予以审核。

附件:1. 数量清单

2. 质量证明文件

3. 自检结果

承包单位(章)_____

项目经理_____

日　期_____

审查意见:

经检查,上述工程材料/构配件/设备,符合/不符合设计文件和规范的要求,准许/不准许进场,同意/不同意使用于拟定部位。

项目监理机构_____

总/专业监理工程师_____

日　期_____

A10

工程竣工报验单

工程名称：   编号：

致：（监理单位）
　　我方已按合同要求完成了_____工程,经自检合格,请予以
检查和验收。
　　附件：

承包单位（章）_____

项目经理_____

日　期_____

审查意见：
　　经初步验收,该工程
　　1. 符合/不符合我国现行法律、法规要求；
　　2. 符合/不符合我国现行工程建设标准；
　　3. 符合/不符合设计文件要求；
　　4. 符合/不符合施工合同要求。
　　综上所述,该工程初步验收合格/不合格,可以/不可以组织正式验收。

项目监理机构_____

总监理工程师_____

日　期_____

B1

监理工程师通知单

工程名称：   编号：

致：

　　事由：

　　内容：

项目监理机构＿＿＿＿＿＿＿＿＿＿

总/专业监理工程师＿＿＿＿＿＿＿＿＿＿

日　期＿＿＿＿＿＿＿＿＿＿

B2

工程暂停令

工程名称： 　　　　　　　　　　　　　　　　　　　　　　　编号：

致：(承包单位)
　　由于

原因，现通知你方必须于 ＿＿＿＿ 年 ＿＿＿＿ 月 ＿＿＿＿ 日 ＿＿＿＿ 时起，对本工程的
＿＿＿＿＿＿＿＿＿＿＿＿＿＿＿＿＿＿＿＿＿的部位(工序)实施暂停施工，并按下述要求做好各项
工作：

　　　　　　　　　　　　　　　　　　项目监理机构＿＿＿＿＿＿＿＿
　　　　　　　　　　　　　　　　　　总监理工程师＿＿＿＿＿＿＿＿
　　　　　　　　　　　　　　　　　　　　日　期＿＿＿＿＿＿＿＿

工程款支付证书

工程名称：   编号：

致：(建设单位)

　　根据施工合同的规定,经审核承包单位的付款申请和报表,并扣除有关款项,同意本期支付工程款
共(大写)_____(小写：_____)。请按合同规定及时付款。

　　其中：

1. 承包单位申报款为：

2. 经审核承包单位应得款为：

3. 本期应扣款为：

4. 本期应付款为：

附件：

1. 承包单位的工程付款申请表及附件

2. 项目监理机构审查记录

项目监理机构_____

总监理工程师_____

日　期_____

B4

工程临时延期审批表

工程名称： 编号：

致：（承包单位）

根据施工合同条款 _____ 条的规定，我方对你方提出的 _____ 工程延期申请（第 _____ 号）要求延长工期 _____ 日历天的要求，经过审核评估：

□ 暂时同意工期延长 _____ 日历天，竣工日期（包括已指令延长的工期）从原来的 _____ 年 _____ 月 _____ 日延迟到 _____ 年 _____ 月 _____ 日。请你方执行。

□ 不同意延长工期，请按约定竣工日期组织施工。

说明：

项目监理机构 _____

总监理工程师 _____

日　期 _____

工程最终延期审批表

工程名称：　　　　　　　　　　　　　　　　　　　　　　　　　编号：

致:(承包单位)

　　根据施工合同条款＿＿＿＿＿＿＿＿＿＿＿＿＿条的规定,我方对你方提出的＿＿＿＿＿＿＿＿＿＿＿工程延期申请(第＿＿＿＿＿号)要求延长工期＿＿＿＿＿日历天的要求,经过审核评估:

　　□ 最终同意工期延长＿＿＿＿＿＿＿＿日历天,竣工日期(包括已指令延长的工期)从原来的＿＿＿＿＿年＿＿＿＿＿月＿＿＿＿＿日延迟到＿＿＿＿＿年＿＿＿＿＿月＿＿＿＿＿日,请你方执行。

　　□ 不同意延长工期,请按约定竣工日期组织施工。

　　说明:

项目监理机构＿＿＿＿＿＿＿＿＿＿＿＿

总监理工程师＿＿＿＿＿＿＿＿＿＿＿＿

日　期＿＿＿＿＿＿＿＿＿＿＿＿

B6

费用索赔审批表

工程名称：   编号：

致：（承包单位）

　　根据施工合同条款＿＿＿＿＿＿＿＿条的规定，你方提出的＿＿＿＿＿＿＿＿＿＿＿＿＿＿费用
索赔申请（第＿＿＿＿＿号），索赔（大写）＿＿＿＿＿＿＿＿＿＿，经我方审核评估：

　　□ 不同意此项索赔。

　　□ 同意此项索赔，金额为（大写）＿＿＿＿＿＿＿＿＿＿。

　　同意/不同意索赔的理由：

　　索赔金额的计算：

　　　　　　　　　　　　　　　　　　　　　　　　　　　项目监理机构＿＿＿＿＿＿＿＿＿

　　　　　　　　　　　　　　　　　　　　　　　　　　　总监理工程师＿＿＿＿＿＿＿＿＿

　　　　　　　　　　　　　　　　　　　　　　　　　　　　日　　期＿＿＿＿＿＿＿＿＿

C1

监理工作联系单

工程名称：　　　　　　　　　　　　　　　　　　　　　　　编号：

致：

　事由：

　内容：

单　位＿＿＿＿＿＿＿＿＿＿＿

负责人＿＿＿＿＿＿＿＿＿＿＿

日　期＿＿＿＿＿＿＿＿＿＿＿

C2

工程变更单

工程名称：   编号：

致：（监理单位）

由于 ＿＿＿＿＿＿＿＿＿＿＿＿＿＿＿＿＿＿＿＿＿＿＿＿＿＿＿＿＿＿＿＿＿＿原因，兹提出

＿＿＿＿＿＿＿＿＿＿＿＿＿＿＿＿＿＿＿＿＿＿＿＿＿＿＿＿＿＿＿＿工程变更（内容见附

件），请予以审批。

附件：

提出单位＿＿＿＿＿＿＿＿＿＿＿＿

代 表 人＿＿＿＿＿＿＿＿＿＿＿＿

日　　期＿＿＿＿＿＿＿＿＿＿＿＿

一致意见：

建设单位代表   设计单位代表   项目监理机构

签字：   签字：   签字：

日期＿＿＿＿＿＿＿＿＿＿   日期＿＿＿＿＿＿＿＿＿＿   日期＿＿＿＿＿＿＿＿＿＿

附录 4　建设工程监理案例分析

案例一

某建设单位投资建设一工程项目,该工程项目是列入城市档案管理部门接受范围的工程。该工程由 A、B、C 三个单位工程组成,各单位工程开工时间不同。该工程由一家承包单位承包,建设单位委托某监理企业进行施工阶段的监理。监理工程师在审核承包单位提交的"工程开工报审表"时,要求承包单位在"工程开工报审表"中注明各单位工程的开工时间。监理工程师审核认为具备开工条件时,由总监理工程师或经授权的总监理工程师代表签署意见,报建设单位。

问题

1. 监理工程师的以上做法有何不妥? 应该怎么做? 在审核"工程开工报审表"时,应从哪些方面进行审核?

2. 建设单位在组织工程验收前,应组织监理、施工、设计各方进行工程档案的预验收。建设单位的这种做法是否正确? 为什么?

3. 监理企业在进行本工程的监理文件档案资料归档时,有下列监理文件:①监理大纲;②监理实施细则;③监理总控制计划;④预付款报审与支付。这四项监理文件中,哪些不应由监理单位短期保存? 监理单位短期保存的监理文件应有哪些?

参考答案

1.(1) 监理工程师的做法不妥之处有:

① "要求承包单位在'工程开工报审表'中注明各单位工程开工时间"不妥。

② "经由授权的总监理工程师代表签署"不妥。

(2) 监理工程师应该:

① 要求承包单位在每个单位工程开工前都应填报一次工程开工报审表。

② 由总监理工程师签署意见,不应由总监理工程师代表签署。

(3) 监理工程师在审核"工程开工报审表"时应从以下各方面进行审核:

① 施工许可证已获政府主管部门批准。

② 征地拆迁工作能满足工程进度的需要。

③ 施工组织设计已获总监理工程师批准。

④ 承包单位现场管理人员已到位,机具、施工人员已进场,主要工程材料已落实。

⑤ 进场道路及水、电、通信已满足开工条件。

2. 建设单位的这种做法不正确。建设单位在组织工程竣工验收前,应提请城建档案管理部门对工程档案进行预验收。

3. 不应由监理企业短期保存的有监理大纲和预付款报审与支付。

监理企业短期保存的监理文件有：监理规划，监理实施细则，监理总控制计划，专题总结，月报总结。

案例二

某钢结构公路桥项目，建设单位将桥梁下部结构工程发包给甲施工单位，将钢梁制造、架设工程发包给乙施工单位。建设单位通过招标选择了某监理企业承担施工阶段监理任务。

监理合同签订后，总监理工程师组建了直线制监理组织机构，并重点提出了质量目标控制措施如下：

(1) 熟悉质量控制依据和文件。

(2) 确定质量控制要点，落实质量控制手段。

(3) 完善职责分工及有关质量监督制度，落实质量控制责任。

(4) 对不符合合同规定质量要求的，拒签付款凭证。

(5) 审查承包单位提交的施工组织设计和施工方案。

同时，提出了项目监理规划编写的几点要求：

(1) 为使监理规划具有针对性，要编写两份项目监理规划。

(2) 监理规划要把握项目运行的内在规律。

(3) 监理规划的表达应规范化、标准化、格式化。

(4) 监理规划根据大桥架设进展，可分阶段编写。但编写完成后，由监理企业审核批准并报建设单位认可后，一经实施，就不得再行修改。

(5) 授权总监理工程师代表主持监理规划的编制。

问题

1. 画出总监理工程师组建的监理组织机构图。

2. 监理工程师在进行目标控制时应采取哪些措施？上述总监理工程师提出的质量目标控制措施各属哪种措施？

3. 分析总监理工程师提出的质量目标控制措施哪些是主动控制措施，哪些是被动控制措施。

4. 逐条回答总监理工程师提出的监理规划编制要求是否妥当，为什么？

参考答案

1. 直线制监理机构图如附录图 1 所示。

2.(1) 监理工程师在进行目标控制时应采取组织措施、经济措施、合同措施、技术措施。

(2) 总监理工程师提出的质量目标控制措施分别属于如下措施：

第(1)条措施属技术措施(或合同措施)；第(2)条措施属技术措施；第(3)条措施属组织措施；第(4)条措施属经济措施(或合同措施)；第(5)条措施属技术措施。

3. 措施(2)、(3)、(5)属于主动措施；措施(4)属于被动措施。

4. 要求(1)不妥当。一份委托监理合同，应编写一份监理规划。

要求(2)妥当。是由监理规划的指导作用决定的。

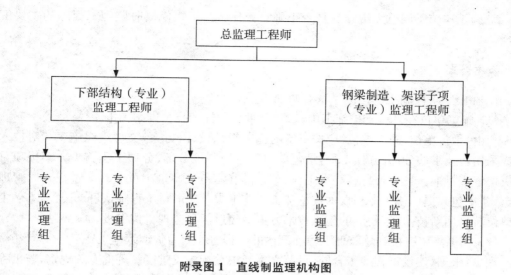

附录图 1　直线制监理机构图

要求(3)妥当。可使监理规划的内容、深度统一。

要求(4)不妥。监理规划可以修改,但应按原审批程序报监理企业审批和经建设单位认可。

要求(5)不妥。总监理工程师此项权力不能授权给总监理工程师代表。

案例三

某工程,建设单位委托监理企业承担施工阶段和工程质量保修期的监理工作,建设单位与施工单位按《建设工程施工合同(示范文本)》签订了施工合同。基坑支护施工中,项目监理机构发现施工单位采用了一项新技术,未按已批准的施工技术方案施工。项目监理机构认为本工程使用该项新技术存在安全隐患,总监理工程师下达了工程暂停令,同时报告了建设单位。

施工单位认为该项新技术通过了有关部门的鉴定,不会发生安全问题,仍继续施工。于是项目监理机构报告了建设行政主管部门。施工单位在建设行政主管部门干预下才暂停施工。

施工单位复工后,就此事引起的损失向项目监理机构提出索赔。建设单位也认为项目监理机构"小题大做",致使工程延期,要求监理单位对此事承担相应责任。

该工程施工完成后,施工单位按竣工验收有关规定,向建设单位提交了竣工验收报告。建设单位未及时验收。在施工单位提交竣工报告后第 45 天时发生台风,致使工程已安装的门窗玻璃部分损坏。建设单位要求施工单位对损坏的门窗进行无偿修复,施工单位不同意无偿修复。

问题

1. 在施工阶段施工单位的哪些做法不妥? 说明理由。

2. 建设单位的哪些做法不妥?

3. 对施工单位采用新的基坑支护施工方案,项目监理机构还应做哪些工作?

4. 施工单位不同意无偿修复是否正确？为什么？工程修复时监理工程师的主要工作内容有哪些？

参考答案

1. 在施工阶段施工单位的做法有两处不妥：

(1) 施工单位在基坑支护施工中,未按已批准的施工技术方案施工。

理由：承包单位(施工单位)应按审定的施工组织设计(方案)文件组织施工。对技术复杂或采用新技术的分部、分项工程,承包单位还应编制该分部、分项工程施工方案报项目监理机构审查批准。另外,根据《建设工程施工合同(示范文本)》中关于施工过程合同管理的规定,若承包人提出使用专利技术或特殊工艺施工应首先取得工程师认可。因此,本例中施工单位若采用新技术时,相应的施工技术方案应经过项目监理机构审批。

(2) 施工单位在接到总监理工程师下达的工程暂停令后仍继续施工。

理由：根据《建设工程施工合同(示范文本)》中关于施工进度管理的有关规定,若工程师发现承包人的作业方法可能危及现场或毗邻地区建筑物或人身安全时可下达暂停令,承包人应当按照工程师的要求停止施工并妥善保护已完工程。因此,本例中施工单位应执行总监理工程师下达的工程暂停令。

2.(1) 建设单位不妥之一：认为项目监理机构"小题大做"致使工程延期,而要求监理企业对工程延期承担相应责任。

理由：根据《建设工程委托监理合同(示范文本)》中对监理人权力的规定,在业务紧急情况下,为了工程和人身安全,就算是变更指令超越委托人授权也有权先发布指令,但应尽快通知委托人。本例中总监理工程师下达工程暂停令,同时及时报告了建设单位,故不应追究监理企业责任。

(2) 建设单位不妥之二：施工单位向建设单位提交竣工验收报告后,建设单位未及时验收。

理由：根据《建设工程施工合同(示范文本)》中关于竣工验收的规定,对符合竣工验收要求的工程,发包人在收到工程竣工验收报告后28天内组织验收。

(3) 建设单位不妥之三：要求施工单位对损坏的门窗玻璃进行无偿修复。

理由：根据《建设工程施工合同(示范文本)》中关于竣工验收的规定,发包人收到承包人送交的竣工验收报告28天内不组织验收,或验收后14天内不提出修改意见,视为竣工验收报告已被认可。同时,从第29天起,发包人承担工程保管及一切意外责任。

3. 对施工单位采用新的基础支护施工方案,项目监理机构还应做以下工作：

(1) 要求施工单位报送新的基础支护技术方案。

(2) 监理机构审查新的施工方案。

(3) 施工组织设计已获总监理工程师批准。

(4) 若新的方案可行,由总监理工程师签认;若新的方案不可行,指令施工单位按原施工方案执行。

4.(1) 施工单位不同意无偿修复的做法正确。

理由：根据《建设工程施工合同(示范文本)》中关于竣工验收的规定,发包人收到承包人送交的竣工验收报告28天内不组织验收,或验收后14天内不提出修改意见,视为竣工验收报告已被认可。同时，从第29天起，发包人承担工程保管及一切意外责任。

（2）工程修复时监理工程师主要工作内容有：

① 监督、检查施工单位的修复工作及过程。

② 施工结束后进行验收、签认。

③ 核对工程费用和签署工程款支付证书，并报建设单位。

案例四

某工程，建设单位和施工单位按《建设工程施工合同（示范文本）》签订了施工合同，在施工合同履行过程中发生如下事件：

事件1：工程开工前，总监理工程师主持召开了第一次工地会议。会上，总监理工程师宣布了建设单位对其的授权，并对召开工地例会提出了要求。会后，项目监理机构起草了会议纪要，由总监理工程师签字后分发给有关单位；总监理工程师主持编制了监理规划，报送建设单位。

事件2：施工过程中，由于施工单位遗失工程某部位设计图纸，施工人员凭经验施工，现场监理员发现时，该部位施工已经完毕。监理员报告了总监理工程师，总监理工程师到现场后指令施工单位暂停施工，并报告建设单位。建设单位要求设计单位对该部位结构进行核算。经设计单位核算，该部位结构能够满足安全和使用功能的要求，设计单位电话告知建设单位可以不做处理。

事件3：由于事件2的发生，项目监理机构认为施工单位未按图施工，该部位工程不予计量；施工单位认为停工造成了工期拖延，向项目监理机构提出了工程延期申请。

事件4：主体结构施工时，由于发生不可抗力事件，造成施工现场用于工程的材料损坏，导致经济损失和工期拖延，施工单位按程序提出了工期和费用索赔。

事件5：施工单位为了确保安装质量，在施工组织设计原定检测计划的基础上又委托一家检测单位加强安装过程的检测。安装工程结束时，施工单位要求项目监理机构支付增加的检测费用，但被总监理工程师拒绝。

问题

1. 指出事件1中的不妥之处，写出正确做法。

2. 指出事件2中的不妥之处，写出正确做法。该部位结构是否可以验收？为什么？

3. 事件3中项目监理机构对该部位工程不予计量是否正确？说明理由。项目监理机构是否应该批准工程延期申请？为什么？

4. 事件4中施工单位提出的工期和费用索赔是否成立？为什么？

5. 事件5中总监理工程师的做法是否正确？为什么？

参考答案

1. 不妥之处有：

（1）总监理工程师不能主持召开第一次工地会议。

正确做法：应由建设单位主持。

（2）总监理工程师不能宣布授权。

正确做法：应由建设单位宣布。

（3）不能只有总监理工程师签字就将会议纪要分发给有关单位。

正确做法：各方会签后分发。

（4）不能在会后编制和报送监理规划。

正确做法：应在第一次工地会议前编制和报送。

2．（1）① 施工单位不按图施工，而是凭经验施工不妥。

正确做法：施工单位必须按照工程设计图纸和施工技术规范标准组织施工。

② 监理员向总监理工程师汇报不妥。

正确做法：应向专业监理工程师汇报。

③ 设计单位经核算，能够满足安全和使用功能的要求便电话告知建设单位不妥。

正确做法：设计单位应以书面形式告知建设单位。

（2）该部位结构可以验收。

理由：根据工程施工质量不符合要求的处理规定，经原设计单位核算认可能满足结构安全和使用功能的，可以予以验收。

3．（1）监理机构对该部位不予计量不正确。

理由：经设计单位核算认可能满足结构安全和使用功能的要求，予以验收，应给予计量。

（2）监理机构不应批准工程延期的申请。

理由：对索赔报告中要求顺延的工期，首先要弄清施工进度拖延的责任。因承包人的原因造成施工进度滞后，属于不可原谅的延期；只有承包人不应承担任何责任的延误，才是可以原谅的延期。本例中停工是由于施工单位不按图施工造成的，属于承包人的原因造成的施工进度拖后，因此不应批准工程延期的申请。

4．（1）工期索赔成立。

理由：在合同约定工期内发生的不可抗力，延误的工期相应顺延。

（2）费用索赔成立。

理由：在合同约定工期内因不可抗力使运至施工场地用于施工的材料和待安装的设备造成损失由发包人承担。因此，本例中不可抗力导致施工现场用于工程的材料损坏，所造成的损失由建设单位承担。

5．总监理工程师做法正确。

理由：施工单位为了确保安装质量采取的技术措施所增加的费用由施工单位承担。

案例五

某工程项目，建设单位与施工总承包单位按《建设工程施工合同（示范文本）》签订了施工承包合同，并委托某监理企业承担施工阶段的监理任务。施工总承包单位将桩基工程分包给一家专业施工单位。

开工前：（1）总监理工程师组织监理人员熟悉设计文件时发现部分图纸设计不当，即通过计算修改了该部分图纸，并直接签发给施工总承包单位；（2）在工程定位放线期间，总监理工程师又指派测量监理员复核施工总承包单位报送的原始基准点、基准线和测量控制点；（3）总监理工程师审查了分包单位直接报送的资格报审表等相关资料；（4）在合同约定开工日期的前 5 天，施工总承包单位书面提交了延期 10 天开工申请，总监理工程师不予批准。

钢筋混凝土施工过程中监理人员发现：(1)按合同约定由建设单位负责采购的一批钢筋虽供货方提供了质量合格证,但在使用前的抽检试验中材质检验不合格;(2)在钢筋绑扎完毕后,施工总承包单位未通知监理人员检查就准备浇筑混凝土;(3)该部位施工完毕后,混凝土浇筑留置的混凝土试块试验结果没有达到设计要求的强度。

竣工验收时:总承包单位完成了自检、自评工作,填写了工程竣工报验单,并将全部竣工资料报送项目监理机构,申请竣工验收。总监理工程师认为施工过程中均按要求进行了验收,即签署了竣工报验单,并向建设单位提交了质量评估报告。建设单位收到监理企业提交的质量评估报告后即将该工程正式投入使用。

问题

1. 对总监理工程师在开工前所处理的几项工作是否妥当进行评价,并说明理由。如果有不妥当之处,写出正确做法。

2. 对施工过程中出现的问题,监理人员应分别如何处理?

3. 指出工程竣工验收时总监理工程师在执行验收程序方面的不妥之处,写出正确做法。

4. 建设单位收到监理企业提交的质量评估报告,即将该工程正式投入使用的做法是否正确? 说明理由。

参考答案

1.(1) 总监理工程师修改部分图纸及直接签发给施工总承包单位不妥。

理由:根据建设工程监理合同对于监理人的权利的规定,监理人无权修改图纸,只有对图纸中存在的问题通过建设单位向设计单位提出书面意见和建议的权利。

(2) 总监理工程师指派测量监理员进行复核不妥。

理由:测量工作的复核不属于测量监理员的工作职责,总监理工程师应指派专业监理工程师进行复核工作。

(3) 总监理工程师审查分包单位直接报送的资格报审表等相关资料不妥。

理由:根据《建设工程施工合同(示范文本)》中对于分包合同管理的有关规定,总监理工程师不能与分包单位发生直接的工作联系,仅与承包商建立监理与被监理的关系。因此,总监理工程师应对施工总承包单位报送的分包单位资质情况进行审查、签认。

(4) 总监理工程师不批准施工总承包单位开工前5天提交的延期10天开工的申请是正确的。

理由:根据《建设工程施工合同(示范文本)》中关于开工的有关规定,承包人不能按时开工,应在不迟于协议书约定的开工日期前7天,以书面形式向监理工程师提出延期开工的理由和要求。本例中施工单位在开工前5天才提出,故不予批准是正确的。

2.(1) 指令承包单位停止使用该批钢筋。

对该批钢筋进一步检查其性能可降级使用,应与建设、设计、总承包单位共同确定处理方案。若不能用于工程则指令退场。

(2) 指令停工。

要求施工单位首先自检,自检合格后报验,监理工程师收到施工单位的报验申请后进行检查验收。满足规范要求的签认,若不满足要求则指令施工单位整改。

(3) 指令停止相关部位继续施工。

请具有资质的法定检测单位进行该部位混凝土的强度检测,若能达到设计要求,予以验收,若不能达到设计要求,请原设计核算。核算能满足安全使用要求的予以验收,若设计核算不能满足安全使用要求,应进行加固处理。加固处理后按技术处理方案验收,否则严禁验收。

3. 监理企业未组织竣工预验收即签署了竣工报验单不妥。

正确做法:收到施工单位竣工申请后,应组织专业监理工程师进行竣工预验收,审查施工承包单位提交的竣工验收所需的文件资料;审核承包单位提交的竣工图;组织专业监理工程师对拟验收项目现场进行检查,如发现质量问题指令承包单位进行处理;对拟验收项目初验合格后,总监理工程师对《工程竣工报验单》予以签认;提出工程质量评估报告报建设单位。

4. 建设单位在收到监理企业提交的质量评估报告后即将该工程正式投入使用的做法是不正确的。

理由:根据《建设工程施工合同(示范文本)》中关于竣工验收的有关规定,工程未经竣工验收或竣工验收未通过的,发包人不得使用。因此,建设单位在收到施工单位递交的竣工验收报告后,应组织设计、施工、监理等单位进行工程验收,工程验收合格后方可使用。

案例六

某工程项目,建设单位将土建工程、安装工程分别分包给甲、乙两家施工单位。在合同履行过程中发生了如下事件。

事件1:项目监理机构在审查土建工程施工组织设计时,认为脚手架危险性较大,要求甲施工单位编制脚手架工程专项施工方案。甲施工单位项目经理部编制了专项施工方案,凭以往经验进行了安全估算,认为方案可行,并安排质量检查员兼任施工现场安全员工作,遂将方案报送总监理工程师签认。

事件2:开工前,专业监理工程师复核甲施工单位报验的测量成果时,发现对测量控制点的保护措施不当,造成建立的施工测量控制网失效,随即向甲施工单位发出了《监理工程师通知单》。

事件3:专业监理工程师在检查甲施工单位投入的施工机械设备时,发现数量偏少,即向甲施工单位发出了《监理工程师通知单》要求整改;在巡视时发现乙施工单位已安装的管道存在严重质量隐患,即向乙施工单位签发了《工程暂停令》,要求对该分部工程停工整改。

事件4:甲施工单位施工时不慎将乙施工单位正在安装的一台设备损坏,甲施工单位向乙施工单位作出了赔偿。因修复损坏的设备导致工期延误,乙施工单位向项目监理机构提出延长工期申请。

问题

1. 指出事件1中脚手架工程专项施工方案编制和报审过程中的不妥之处,写出正确做法。

2. 事件 2 中专业监理工程师的做法是否妥当?《监理工程师通知单》中对甲施工单位的要求应包括哪些内容?

3. 分别指出事件 3 中专业监理工程师做法是否妥当。不妥之处,说明理由并写出正确做法。

4. 事件 3 中乙施工单位整改完毕后,项目监理机构应进行哪些工作?

5. 事件 4 中乙施工单位向项目监理机构提出工期延长申请是否正确? 说明理由。

参考答案

1.(1) 不妥之处:凭以往经验进行安全估算。

正确做法:应进行安全验算。

(2) 不妥之处:质量检查员兼任施工现场安全员工作。

正确做法:甲施工单位应配备专职安全生产管理人员。

(3) 不妥之处:将专项施工方案报送总监理工程师签认。

正确做法:专项施工方案应先经甲施工单位技术负责人签认。

2.(1) 妥当。

(2)《监理通知单》中对甲施工单位的要求还应包括重新建立新的施工测量控制网,并应对其正确性负责,同时要做好基桩的保护工作。

3.(1) 专业监理工程师发出《监理工程师通知单》妥当。因为关于施工机械配置控制中明确说明,对于施工机械设备的选择除应考虑施工机械的技术性能、工作效率、工作质量、可靠性及维修难易、能源消耗等内容外,还要审查施工机械的数量是否足够。

(2) 专业监理工程师签发了《工程暂停令》不妥。

理由:虽然本例中情况应该下停工令,但是专业监理工程师无权签发《工程暂停令》。

正确做法:专业监理工程师发现管理存在严重隐患后,立即向总监理工程师报告,由总监理工程师签发《工程暂停令》,但签发《工程暂停令》要事先向建设单位报告。

4. 乙施工单位整改完毕后:

(1) 承包单位应进行自检,自检合格后,填报《报验申请表》交监理工程师检查。

(2) 监理工程师接到检查申请后,应在合同规定的时间内到现场进行复查验收。

(3) 检验合格后予以确认。

(4) 征得建设单位同意后,由总监理工程师签发《工程复工令》。

(5) 若不符合要求,则要求承包单位继续整改。

5. 乙施工单位向项目监理机构提出工期延长申请是正确的。

理由:根据施工索赔的概念,索赔是当事人在合同实施过程中,根据法律、合同规定及惯例,对不应由自己承担责任的情况造成的损失,向合同的另一方当事人提出给予赔偿或补偿要求的行为。因此,能否提出索赔要看双方有无合同关系。

(1) 乙施工单位与建设单位有合同关系,可以向项目监理机构,即向建设单位提出索赔。

(2) 甲施工单位与建设单位有合同关系,建设单位应承担连带责任。

案例七

某施工单位承包国内某工程项目,甲乙双方签订的关于工程价款的合同内容有:

(1) 建筑安装工程造价 660 万元,主要材料费占施工产值的比重为 60%。

(2) 工程预付款为建筑安装工程造价的 20%。

(3) 工程进度款逐月计算。

(4) 工程保修金为建筑安装工程总造价的 5%,保修期半年。

(5) 经确认材料价格平均上涨 10%(在 6 月份一次调补),工程各月实际完成产值如附录表 1 所示。

附录表 1 各月实际完成产值

月份	2 月	3 月	4 月	5 月	6 月
完成产值(万元)	55	110	165	220	110

问题

1. 通常工程竣工结算的前提是什么?

2. 该工程的工程预付款起扣点为多少?

3. 该工程 2~5 月每月拨付工程款为多少?累计工程款为多少?

4. 6 月份办理工程竣工结算,该工程结算总造价为多少?建设单位应付工程款为多少?

5. 工程保修期间发生屋面漏水,建设单位多次催促施工单位维修,施工单位一再拖延,最后建设单位另请一家施工单位维修,维修费为 5 万元,该维修费如何处理?

参考答案

1. 工程竣工结算的前提是按照合同规定的内容全部完成所承包的工程;经验收质量达到合同规定的质量等级;竣工验收报告被批准。

2. 工程预付款为:$660 \times 20\% = 132$ 万元

起扣点:$660 - \dfrac{132}{60\%} = 440$ 万元

3. 2 月:工程款 55 万元,累计工程款 55 万元。

   3 月:工程款 110 万元,累计工程款 165 万元。

   4 月:工程款 165 万元,累计工程款 330 万元。

   5 月:工程款 $220 - (220 + 330 - 440) \times 60\% = 154$ 万元,累计工程款 484 万元。

4. 工程结算总造价 $660 + 660 \times 60\% \times 10\% = 699.6$ 万元

6 月份建设单位应付工程结算款为 $699.6 - 484 - 699.6 \times 5\% - 132 = 48.62$ 万元

5. 5 万元维修费从乙方(原合同施工单位)的保修金中扣除。

案例八

某单位工程为单层钢筋混凝土排架结构,共有 60 根柱子,32m 空腹屋架,监理工程师批准的网络计划见附录图 2 所示(图中工作持续时间以月为单位)。

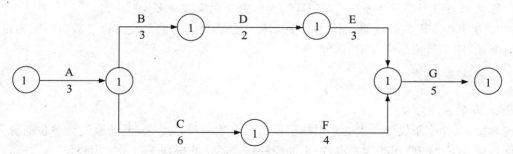

附录图 2　单层钢筋混凝土排架结构网络计划

该工程施工合同工期为 18 个月,施工合同中规定,土方工程单价为 16 元/m³,土方估算工程量为 22 000m³,混凝土工程单价为 320 元/m³,混凝土估算工程量为 1 800m³。当土方工程和混凝土工程的工程量任何一项增加超出该项原估算工程量的 15% 时,该项超出部分结算单价可进行调整,调整系数为 0.9。

在施工过程中监理工程师发现刚拆模的钢筋混凝土柱子存在工程质量问题。在发现有质量问题的 10 根柱子中,有 6 根蜂窝、露筋较严重;有 4 根柱子蜂窝、麻面轻微,且截面尺寸小于设计要求。截面尺寸小于设计要求的 4 根柱子经原设计单位验算,可以满足结构安全和使用功能要求,可不加固补强。在监理工程师组织的质量事故分析专题会议上,施工单位提出了如下几个处理方案:

方案一:6 根柱子加固补强,补强后不改变外形尺寸,不造成永久性缺陷;另外 4 根柱子不加固补强。

方案二:10 根柱子全部砸掉重做。

方案三:6 根柱子砸掉重做,另外 4 根柱子不加固补强。

在工程按计划进度进行到第 4 个月时,建设单位、监理工程师与施工单位协商同意增加一项工作 K,其持续时间为 2 个月,该工作安排在 C 工作结束以后开始(K 是 C 的紧后工作),E 工作开始前结束(K 是 E 的紧前工作)。由于 K 工作的增加,增加了土方工程量 3 500m³,增加了混凝土工程量 200m³。

工程竣工后,监理组织了该单位工程的预验收,在建设单位组织正式竣工验收前,建设单位已提前使用该工程。建设单位使用中发现房屋屋面漏水,要求施工单位修理。

问题

1. 以上对柱子工程质量问题的三种处理方案中,哪种处理方案最为经济合理? 为什么?

2. 由于增加了 K 工作,施工单位提出了顺延工期 2 个月的要求,该要求是否合理? 监理工程师应该签证批准的顺延工期应是多少?

3. 由于增加了 K 工作,相应的工程量有所增加,施工单位提出对增加工程量的结算费用为:

土方工程:3 500×16=56 000 元

混凝土工程:200×320=64 000 元

合计:120 000 元

你认为该费用是否合理?监理工程师对这笔费用应签证多少?

4. 在工程未正式验收前,建设单位提前使用是否可认为该单位工程已验收?对出现的质量问题,施工单位是否承担保修责任?

参考答案

1. 方案一最为合理。

理由:尺寸小于设计要求的 4 根柱子虽然没有达到设计要求,但经原设计单位验算,可以满足结构安全和使用功能要求,可不加固补强。其余 6 根柱子需要加固补强。

2. 施工单位提出延期 2 个月的要求不合理。监理工程师应批准顺延工期 1 个月。因为,增加 K 工作后,计算工期为 19 个月,19—18=1 个月。

3. 施工单位提出的增加工程量的结算费用不合理,监理工程师应签证的费用为:

(1) 土方工程:3 500>22 000×15%=3 300m³,超出部分应调价。

3 300×16+200×16×0.9=55 680 元

(2) 混凝土工程:200m³<1 800m³×15%=270m³,不调价。

200×320=64 000 元

合计:119 680 元

4. 不认为该单位工程已验收。对出现的质量问题应进行责任鉴定,如系建设单位使用造成的,施工单位不承担保修责任;如系施工单位造成的,施工单位应承担保修责任。

案例九

某工程,建设单位与施工单位按《建设工程施工合同(示范文本)》签订了施工合同,采用可调价合同形式,工期 20 个月,项目监理机构批准的施工总进度计划见附录图 3 所示,各项工作在其持续时间内均为匀速进展。每月计划完成的投资(部分)见附录表 2 所示。

施工过程中发生如下事件:

事件 1:建设单位要求调整场地标高,设计单位修改施工图,A 工作开始时间推迟了 1 个月,致使施工单位机械闲置和人员窝工损失。

事件 2:设计单位修改图样使 C 工作工程量发生变化,增加造价 10 万元,施工单位及时调整施工部署,如期完成了 C 工作。

事件 3:D、E 工作受 A 工作的影响,开始时间也推迟了 1 个月。由于物价上涨,6~7 月份 D、E 工作的实际完成投资较计划增加了 10%。D、E 工作均按原持续时间完成,由于施工机械故障,J 工作 7 月份实际完成计划工程量的 80%,J 工作持续时间最终延长 1 个月。

事件 4:G、I 工作的实施过程中遇到非常恶劣的气候,导致 G 工作持续时间延长 0.5 个月;施工单位采取了赶工措施,使工作能按原持续时间完成,但需增加赶工费 0.5 万元。

事件 5:L 工作为隐蔽工程,在验收后项目监理机构对其质量提出了质疑,并要求对该隐蔽工程进行剥离复验。施工单位以该隐蔽工程已经监理工程师验收为由拒绝复验。在项目监理机构的坚持下,对该隐蔽工程进行剥离复验。复验结果;工程质量不合格,施工单位进行了整改。

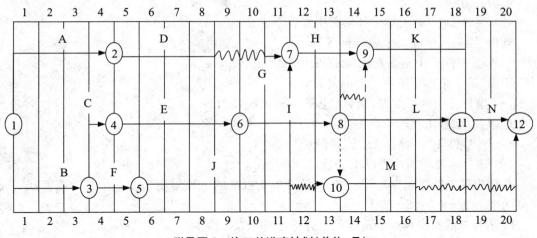

附录图 3　施工总进度计划(单位:月)

附录表 2　每月计划完成的投资(部分)

工作	A	B	C	D	E	F	G
计划完成投资(万元)	60	70	90	120	60	150	30

以上事件 1～4 发生后,施工单位均在规定时间内提出工期顺延和费用补偿要求。

1～7 月投资情况见附录表 3 所示。

附录表 3　1～7 月投资情况

月份	1 月	2 月	3 月	4 月	5 月	6 月	7 月	合计
拟完工程计划投资(万元)	130	130	130	300	330	210	210	1 440
已完工程计划投资(万元)		130	130					
已完工程实际投资(万元)		130	130					

问题

1. 事件 1 中,施工单位顺延工期和补偿费用的要求是否成立? 说明理由。

2. 事件 2 中,施工单位顺延工期和补偿费用的要求是否成立? 说明理由。

3. 事件 5 中,施工单位、项目监理机构的做法是否妥当? 分别说明理由。

4. 针对施工过程中发生的事件,项目监理机构应批准的工程延期为多少个月? 该工程实际工期为多少个月?

5. 在附录表 3 中填出空格处的已完工程计划投资和已完工程实际投资,并分析 7 月末的投资偏差和以投资额表示的进度偏差。

参考答案

1. 事件 1 中,施工单位顺延工期和补偿费用的要求成立。

理由:A 工作开始时间推迟属于建设单位原因,A 工作在关键线路上。

2.(1)事件 2 中,施工单位顺延工期要求成立。

理由：因该事件为不可抗力事件，且 G 工作在关键线路上。

（2）事件 2 中，施工单位补偿费用要求不成立。

理由：因为属于施工单位自行赶工行为。

3.（1）事件 5 中施工复验，施工单位的做法不妥。

理由：施工单位不得拒绝剥离复验。

（2）事件 5 中施工复验，项目监理机构的做法妥当。

理由：对隐蔽工程质量产生质疑时有权进行剥离复验。

4.（1）事件 1 发生后应批准工程延期 1 个月。

（2）事件 4 发生后应批准工程延期 0.5 个月。

其他事件未造成工期延误，故项目监理机构批准的工程延期为 1.5 个月。该工程实际工期为 20＋1＋0.5＝21.5 月。

5. 7 月末的投资偏差和进度偏差分析见附录表 4 所示。

附录表 4　1～7 月投资情况表

月份	1月	2月	3月	4月	5月	6月	7月	合计
拟完工程计划投资（万元）	130	130	130	300	330	210	210	1 440
已完工程计划投资（万元）	70	130	130	300	210	210	204	1 254
已完工程实际投资（万元）	70	130	130	310	210	228	222	1 300

7 月末投资偏差＝1 300－1 254＝46 万元＞0，投资超支。

7 月末进度偏差＝1 440－1 254＝186 万元＞0，进度拖延。

案例十

某工程施工网络计划如附录图 4 所示。

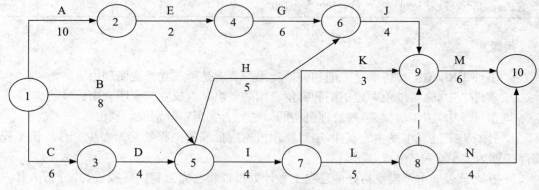

附录图 4　施工网络进度计划

问题

1. 该网络计划的计算工期为多少天？哪些工作为关键工作？

2. 如果由于工作 A、D、J 共用一台机械而必须按 A—D—J 顺序施工时，该网络计划应如何调整？调整后网络计划中的关键工作有哪些？

3. 如果没有施工机械的限制,在按原计划执行过程中,由于建设单位原因使工作 B 拖延 6 天,不可抗力原因使工作 H 拖延 5 天,施工单位自身原因使工作 G 拖延 10 天,施工单位提出工程延期申请,监理工程师应批准工程延期多少天？为什么？

4. 问题 3 中,如果工作 G 拖延 10 天是由于与建设单位签订了供货合同的材料供应商未能按时供货而引起的话(其他条件同上),监理工程师应批准工程延期多少天？为什么？

参考答案

1. 计算工期为 28 天,关键工作有 A、E、G、J、M。

2. 按 A—D—J 顺序施工,网络计划调整为附录图 5 所示。

关键工作有 A、D、H、J、M。

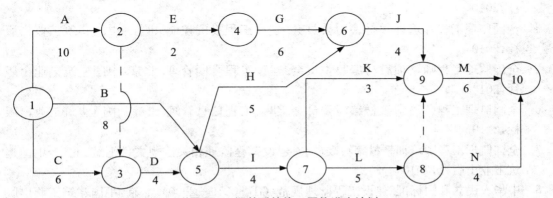

附录图 5　调整后的施工网络进度计划

3. 监理工程师应批准工程延期 6 天。因工作 B 是由于建设单位原因造成拖延 6 天,应当给予工期补偿,但是由于其为非关键工作,有 5 天的总时差,故影响工期 1 天。工作 H 由于不可抗力原因造成拖延 5 天,也应给予工期补偿,其虽为非关键工作,原有 3 天总时差,但由于工作 B 拖延 6 天,已用完 3 天时差,故影响工期 5 天,监理工程师批准补偿工期 6 天。工作 G 是由于施工单位原因造成拖延,故不予补偿。

4. 监理工程师应批准工期延长 10 天。因工作 G 拖延 10 天是非施工单位原因造成的,应给予补偿。工作 G 为关键工作,影响工期 10 天。工作 B 因工作 G 拖延,其总时差增加为 15 天,故其拖延 6 天不影响工期。工作 H 的总时差增加为 13 天,因工作 B 拖延已用去 4 天时差,工作 H 的时差变为 9 天,其拖延 5 天也不会影响工期,所以监理工程师应批准工程延期 10 天。

参考文献

1 全国监理工程师培训教材编写委员会. 建设工程监理概论. 北京：中国建筑工业出版社,2010

2 全国监理工程师培训教材编写委员会. 建设工程质量控制. 北京：中国建筑工业出版社,2010

3 全国监理工程师培训教材编写委员会. 建设工程进度控制. 北京：中国建筑工业出版社,2010

4 全国监理工程师培训教材编写委员会. 建设工程投资控制. 北京：中国建筑工业出版社,2010

5 全国监理工程师培训教材编写委员会. 建设工程合同管理. 北京：中国建筑工业出版社,2010

6 全国监理工程师培训教材编写委员会. 建设工程信息管理. 北京：中国建筑工业出版社,2010

7 全国监理工程师培训教材编写委员会. 建设工程监理相关法规文件汇编. 北京：中国建筑工业出版社,2010

8 中华人民共和国标准. 建设工程监理规范（GB 50319—2000）. 北京：中国建筑工业出版社,2001

9 何夕平. 建设工程监理. 合肥：合肥工业大学出版社,2005

10 韩庆. 建设工程监理. 北京：北京大学出版社,2009

11 韩庆. 土木工程监理概论. 北京：中国水利水电出版社,2008

12 刘桦. 建设工程监理概论. 北京：化学工业出版社,2008

13 张献奇. 建设工程监理概论. 北京：中国电力出版社,2008

14 杨晓林. 建设工程监理. 北京：机械工业出版社,2008

15 危道军,刘志强,谢振芳,邹祖强. 工程项目管理. 武汉：武汉理工大学出版社,2005

16 季福长. 工程项目管理. 重庆：重庆大学出版社,2004

17 中国建设教育协会. 监理员专业管理实务. 北京：中国建筑工业出版社,2007

18 中国建设教育协会. 资料员专业管理实务. 北京：中国建筑工业出版社,2007

19 蔺石柱,闫文周. 工程项目管理. 北京：机械工业出版社,2006

20 王洪,陈健. 建设项目管理. 北京：机械工业出版社,2006

21 李晓东,张德群,孙立新. 工程管理信息系统. 北京：机械工业出版社,2004

22 蔡中辉. 建设工程监理信息管理. 北京：中国计划出版社,2007

23 徐占发. 2009年全国注册监理工程师执业资格考试考点采分——建设工程监理案例分析. 沈阳：辽宁科学技术出版社,2009